ミツバチと暮らす

ミツバチの飼い方がよ～くわかる！

はちみつブームがやってきた！

いま、空前のはちみつブームが起きています。私が子どものころは、地元で一番有名なデパートに行っても、地下の食品売り場に1、2種類のはちみつがひっそりと、ほこりをかぶりながら陳列されている程度でした。

ところが、最近ではほとんどのスーパーマーケットで、世界中の国々の花から集められた、さまざまな種類のはちみつが所狭しと並んでいます。私は養蜂家なので、このようにはちみつがたくさんの人に認知され、利用されていることを、本来なら素直に喜ぶべきところでしょう。しかし、私はなぜか、何か物足りないような、残念な気持ちになっていました。

この不満を解消してくれたのは、この間、買い物中に見かけた若い夫婦です。ふたりは3、4種類のはちみつの中から、どれを選ぶか意見をいい合いながら、最終的に1種類を選び抜き、購入していました。ふたりが購入

したはちみつは、小さくて可憐な、産毛をまとったつぶらな瞳のミツバチたちがつくり出したものです。さらに、一匹のミツバチが一生かけてつくり出す量は、わずかスプーン一杯分にすぎません。その貴重なドラマを、私のような職業養蜂家だけが知っているのではもったいない。もし、はちみつを買っていったあの夫婦が、ミツバチを自分たちの手で一から育て、そこで得たはちみつを食す機会があるならば、店頭に並ぶはちみつを買って食すよりも、10倍、いや100倍おいしいと感じられるのではないかと考えたのです。

それと同時に、まだミツバチをよく知らない方々でも今後、ミツバチたちの喜びを肌で感じ、寄り添えるような関係を築けたらと思い、本書では、初心者がミツバチを飼うために必要な養蜂のノウハウやポイントを、ていねいに解説していきます。

ミツバチと暮らす 目次

※本書での価格表記はすべて税抜き価格です

chapter 1

ミツバチと暮らす人々

ミツバチは決して怖い生き物ではありませんが、
どうしてミツバチを飼おうと思ったのか、気になりませんか？
寒冷地や都心の住宅、共同農園、別荘地など、
小さな子どもがいる家族や女性でも楽しめる
ミツバチとの暮らしをのぞいてみましょう。

みつばち

Life Style 1

岩手県盛岡市

君塚忠彦さん

寒冷地でも大丈夫！全天候型の専用スペースに120万匹を飼育

PROFILE

きみづか・ただひこ

岩手県盛岡市生まれ。20年ほど前、知人に養蜂を教わったのをきっかけに現在約60群を飼育。数年前まで飲食業を経営していたが、今は引退してミツバチを中心にした生活を送っている。

ニホンミツバチに比べると、セイヨウミツバチは若干攻撃的なところがあるため、ちょっとした作業でも専用の防護服を着用する

Style 2
服装

Style 1
場所

庭の一角に設けた丈夫な屋根付きの養蜂スペース。周囲は波板とネットで囲っているが、ミツバチたちはそれを飛び越えて蜜を集めてくる

血統をつくるおもしろさに終わりはない

岩手県盛岡市で約60群、120万匹を超えるセイヨウミツバチを飼育している君塚忠彦さん。庭の一角に設けられた全天候型の養蜂スペースは、それが生業だといっても不思議ではないほど本格的だ。幅10m、奥行き25mくらいの広さで、真ん中が屋根のない通路になっており、その両脇に向かい合わせでラングストロス式（P.52参照）の養蜂箱がずらりと並んでいる。養蜂箱の上には3mほどの高さに屋根がかかっており、雨や雪の日でも天候を気にせずに作業ができるのだ。

「盛岡の冬は、雪の日が多いですからね。それなりに積雪もあるし、屋根がないと蜂の様子を見てやれないんですよ」と君塚さん。発泡スチロール製の防寒箱も養蜂箱と同じ数だけ用意してあり、寒さの厳しい盛岡で越冬対策にぬかりはない。

君塚さんが養蜂を始めたのは20年ほど

左上／君塚さん宅の周辺の環境。一年を通して畑でいろいろな作物をつくっており、野菜の花は蜜源植物にもなっている。奥に見える青いネットに囲まれた場所が君塚さん宅の庭の養蜂スペース　右上／家のすぐ近くを流れる小川がミツバチたちの水飲み場。湿った石にとまって水をなめる姿がかわいらしい　右下／一生懸命花蜜を集める君塚さんのミツバチ

ミツバチ・カルテ

養蜂歴 ◉ **20年**

飼育数 ◉ **60群**

初期費用 ◉ **7〜8万円**

飼っているミツバチの種類 ◉ **セイヨウミツバチ**

採蜜する主な花 ◉ **アカシア、サクラ、リンゴ**

前。知人に勧められたのがきっかけだ。最初はその知人から一群を分けてもらい、家の玄関のすぐ近くで飼っていたが、自分で女王バチを育成したり、新たに花粉交配用の種バチを入手したりして、ちょっとずつ群れを増やしていったという。

Style 3
巣箱

右上／養蜂箱にはハチの様子やいつどんな作業をしたかなどを忘れないようにメモしている　右下／世界で最もメジャーなラングストロス式の横型養蜂箱を使用。巣枠は10枚収納できる　左／20年ほど前に入手した初期の養蜂箱をいまでも現役で使っている。巣門の前には運送用パレットでスロープをつくり、ミツバチが出入りしやすくしている。春から夏にかけて蜂が増える時期には4～5段になる

「ミツバチはサラブレッドやほかの家畜と同じで血統が大事。よく働く蜂から女王バチを育成していけば、はちみつをいっぱい採れるようになります。人間に都合よい血統をつくり出していくんです。ただ、自分のところだけでずっと育成していると、近親交配でやがて弱くなってしまうので、ときどき新しい血も入れてやらなくてはいけません。うちはそうやって群れを増やしてきたんですけど、これでいいっていう終わりはないんです。そこが養蜂のおもしろいところかもしれませんね」

ミツバチの奥深さにすっかり魅了されてしまった君塚さん。いまでは仕事も引退し、一日の大半をミツバチの世話をしながら過ごしている。それが何よりも楽しい時間なのだ。

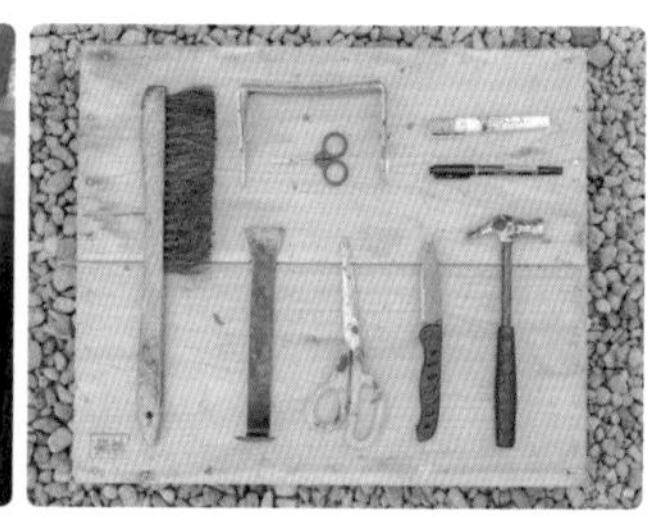

Style 4
道具

右／ミツバチの世話をするときに腰袋の中にいつも入れている道具。枠つかみやブラシ、ハイブツールなど一般的なアイテムのほかに、女王バチに印をつけるための修正ペンなどもある　中／採蜜は遠心分離器で行う　左上・左下／燻煙器。中に籾殻などを入れて燻し、その煙をあびせることでミツバチをおとなしくさせる

君塚さんの年間スケジュール

1～3月　観察を始める
2月になると春に向けて産卵を始めるので、様子を見て蜂が増えていれば巣枠を加えてやり、はちみつが足りなければ餌をやる

4月　防寒箱を外す
雪が解け、春の花が咲くとミツバチが本格的に行動を始めるので発泡スチロールの防寒箱を外す

5～6月　採蜜
5月上旬のサクラに始まり、中旬にはリンゴ、5月下旬～6月上旬にはアカシアから採蜜する。大量の採蜜はこれで終わる

7～12月　日々観察
抜き取り程度の採蜜をしたり、様子を見て巣枠を調整したり、新しい女王蜂を育成したりする。12月上旬に越冬準備を終える

君塚さんの養蜂術

冬の寒さが厳しい地域なので、何よりも越冬に気を使う。きちんと寒さ対策をしないと、女王バチを育成し、何年もかけて血統をつくってきた蜂が、一瞬で全滅ということにもなりかねないのだ。

Point 1 人工王台で女王バチを育成

セイヨウミツバチの養蜂で群れを増やすために欠かせないのが、新しい女王バチを人工的につくること。よく働き、たくさんはちみつがとれる優秀な群れから幼虫を取り出し、人工王台という器具に一匹ずつ移植して、女王バチを育成する。人工王台をつけた枠を女王バチがいない群れに預けると数日で女王バチ候補が育成される

Point 2 オリジナルの断熱材で東北の冬を乗り切る

12月には養蜂箱を発泡スチロールの防寒箱で覆い、早春まで越冬。この箱は君塚さんが所有する養蜂箱に合わせて設計し、業者につくってもらったオリジナルアイテムだ。天井に通気用の穴があいており、中が蒸れないように工夫されている。一度に何箱も収納できる大型のものもあり、すき間に籾殻を満たして断熱材にする

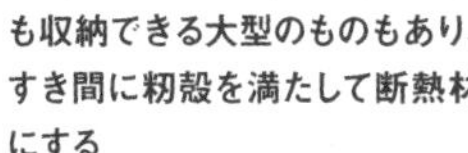

Point 3 周りをネットで囲った飼育場

屋根付きの養蜂スペースとは別に自然の庭にもあちらこちらに養蜂箱が置かれている。庭に育つ草花は基本的に蜜源植物で、まさにミツバチのための庭だ。養蜂箱は運送用のパレットの上に2つずつ並べて屋根から雨が入らないようにトタンをかぶせ、石やレンガを載せておもりにしている。縄をかけるのもよい

Point 4 スズメバチははちみつ漬けに

上／養蜂箱に捕獲器を取り付けてスズメバチの襲来を防ぐ　下／捕獲したスズメバチのはちみつ漬け。「体にいいのさ。刺されると危険だけど、はちみつに長期間漬け込むと栄養になるんですよ」と君塚さん（効用はP.93参照）

Life Style 2
三重県いなべ市
安田佳弘さん

ミツバチは自給的暮らしの友。手づくりのカフェでははちみつを使ったメニューも提供

PROFILE
やすだ・よしひろ
1981年、大阪府生まれ。学生時代に三重県に移住。狩猟を生業の中心に置き、雑貨カフェ『MY HOUSE』を営むとともに自然学校『My Forest College』を主宰。
http://myhouse-go.net/

左上／安田さん宅の周辺環境。裏に山を背負った古民家に暮らしている。広い敷地の除草にヤギが大活躍　右上／巣を出入りするニホンミツバチ。巣門の広さは、このミツバチたちがもともと巣をつくっていた床下のすき間を参考にした　右下／マンボといわれる横穴式の地下水路から引いた水がミツバチたちの水飲み場になっている

ミツバチ・カルテ

飼育数◉**5群**

初期費用◉**3000円**

養蜂歴◉**6年**

飼っているミツバチの種類◉**ニホンミツバチ**

採蜜する主な花◉**サクラ、サンショウ、ウメなど**

自作の巣箱に分封群（ぶんぽうぐん）を迎え入れる喜び

三重と滋賀の県境を南北に走る鈴鹿山脈。その山裾の古民家で、安田佳弘さんは自然に寄り添った暮らしをしている。田畑で自給用の米や野菜をつくり、ニワトリを飼って卵を自給。山で山菜やキノコを採り、猟期には銃を持って狩猟に出かける。イヌやネコやヤギもいる。そして、ミツバチも。

「6、7年前かな。庭で作業をしているとブンブンブンブン異様に大きな音がして、見上げるとミツバチの大群が飛んでいたんです。ちょっと驚いて、しばらく観察していたんですが、そのうちミツバチたちは家の基礎と土台のすき間に群がって、どんどんその中に入っていっちゃった。床下に巣をつくろうとしていたんですね」と、ミツバチとの出会いを語る奥様の真紀さん。

「このとき、もしかしたらはちみつが取れるんじゃないかと思ったんですが、まだ養蜂のことを詳しく知らなくて、いろいろ調べて実際にミツバチを飼いはじめたのはそ

Style 1 場所

家の周りに10個ほどの養蜂箱を置いている。木の下は雨や雪が直接当たるのを避けられ、日陰になるので夏の暑さも和らげられる

Style 2 服装

普段よく着ているアウトドアウエア。Tシャツや短パンのこともある。採蜜などの作業をするときは袖口や裾をしっかりと締めて服の中にミツバチが入ってこないようにする

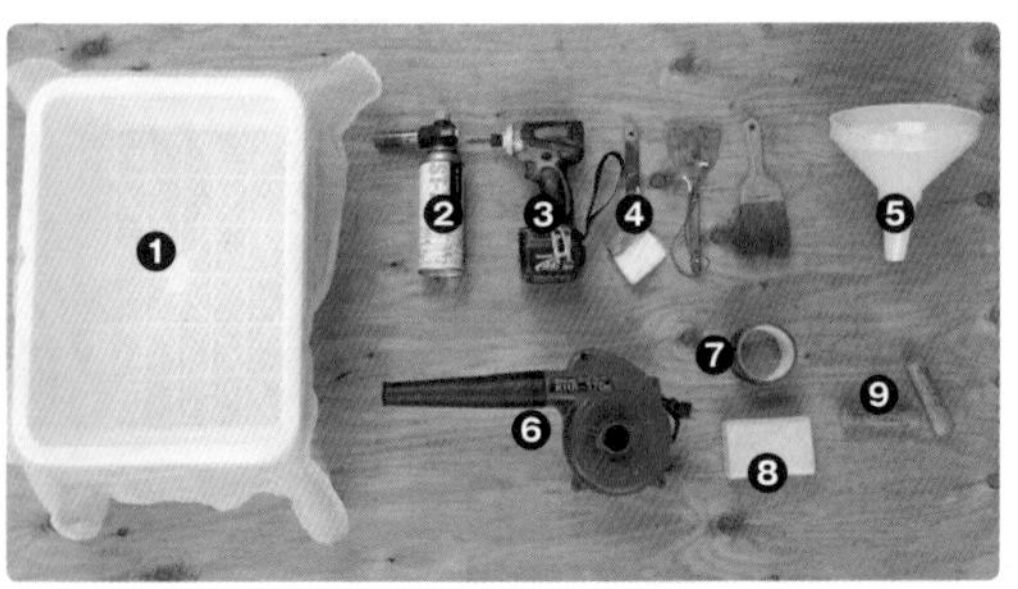

Style 4 道具

❶採蜜に使うための網かご ❷蜜蝋を溶かすためのバーナー ❸養蜂箱の組み立てなどに使うインパクトドライバー ❹巣虫を落とすためのハケ ❺はちみつを瓶に入れるための漏斗 ❻採蜜の際に巣の中にいる蜂を吹き飛ばすためのブロワ ❼箱のすき間をふさぐためのガムテープ ❽蜂に刺されたときに使うポイズンリムーバ ❾巣枠切り

Style 3 巣箱

上／合板で自作した重箱式の養蜂箱　中右／底のメッシュは換気用　右下／地面からの湿気を避けられるようにブロックの上に置いている　中左／巣板を保持するための桟は平行に２本　下左／内検用の窓はビスで固定

れから1～2年後ですね。養蜂箱を自作して、庭に置いておいたんです」と安田さん。

最初に設置した養蜂箱は3つ。分封した群れをおびき寄せるために巣箱の内側に蜜蝋を塗り、床下の巣に近すぎず、遠すぎない場所に、待ち箱を置いた。

「養蜂箱は西日や強い風が当たらないところに置くのがいいらしいですよ」

安田さんが設置した養蜂箱にミツバチたちが入ったのは、それから約1カ月後だ。

「うれしかったですねぇ。自分がよかれと思ってつくった巣箱に、分封したミツバチたちが入ってくれたときが僕にとって養蜂の一番の喜び。はちみつがとれることよりずっとうれしい」

その後、ミツバチは10群まで増えたが、周辺環境が気に入らなければ出て行ってしまう。いまは5群だけになったが、それでもいい。また、ミツバチたちの気が向いたときにはきっとやってきてくれるさ。そんな気持ちで安田さんはたくさんの生き物たちと野山の自然に寄り添って暮らしている。

安田さんの年間スケジュール

1～3月　待ち箱を製作して設置

待ち箱（営巣場所）を冬の間に製作し、ウメが開花するころに設置。スズメバチを捕獲するペットボトル式トラップもしかける

4～5月　分封

安田さんにとっては、採蜜よりも分封群が待ち箱に入居する瞬間が何よりの喜びなので、一年で一番そわそわする時期

6～10月　見守り・掃除・点検・採蜜

ミツバチたちに声をかけるのが朝の日課となる。定期的に巣箱の内検を行い、適宜継ぎ箱して掃除を行う。9～10月に採蜜する

11～12月　秋はスズメバチ防御、12月に越冬準備

秋はスズメバチ対策として巣門をステップ式に交換。12月になったら弱小群には巣箱にムシロを巻き、給餌して冬に備える

安田さんの養蜂術

自然に生きるもの同士、お互いが必要なものを分け合うような気持ちで養蜂を楽しむ安田さん。ミツバチの活動によって畑の作物は豊かに実り、ミツバチたちにとってもまた、それらの蜜源植物が欠かせない関係にある。

Point 1 はちみつを使ってカフェメニューを提供

雑貨と喫茶の店「MY HOUSE」を営む安田さん。メニューにははちみつを添えた紅茶やヨーグルトジュースなどのほか、焼き菓子の材料にもはちみつを使っている。そのほかのメニューも梅林でとれた梅の実や畑の野菜、山や森で採取する木の実や果実など、身近な自然の恵みを使ったものがほとんど。

Point 2 蜜蝋（みつろう）で分封群を誘引。ロウソクやクリームにも活用

搾蜜したあとに残る蜜蝋は、肌や唇にしっとりとした潤いを与える効果があり、溶かして植物オイルを加えればリップクリームやハンドクリームになる。ロウなのでキャンドルにも加工できるし、型に入れて冷やせばちょっとした小物にも。分封群を養蜂箱に迎え入れるときにも、巣箱の内側に蜜蝋を塗って誘うと効果的。

Point 3 庭や菜園にミツバチが好む野菜やハーブを育てる

自給用の畑をやっている安田さんにとって、ミツバチは授粉をしてもらうのに欠かせない生き物。敷地には梅林や茶畑もあり、いずれも蜜・花粉源植物。ウメは早春に活動を始めるミツバチが最初に花蜜や花粉を集める花で、10～11月に開花するチャは、冬を越すための蜜になる。庭にも蜜源植物になるようなハーブを植えている。

Point 4 聴診器でミツバチの様子をチェック

箱の中のミツバチたちの様子を知りたいけれど、あまり箱を開けるとミツバチたちの負担になるのでよくない。そこで、安田さんが使っているのが聴診器。冬の間、姿を見せないハチたちの様子も、聴診器を当てればわかる。

Life Style

3 東京都杉並区 兼平 進さん

日本の美しい自然に思いを寄せて 都心の住宅地でミツバチと暮らす

PROFILE

かねひら・すすむ

1943年、東京生まれ。自営業。2008年から東京・杉並区の自宅で養蜂を楽しむ。飼育数はその年によるが、最大で13群を飼育。『日本在来種ミツバチの会』会員として、日本みつばちの保護繁殖に尽力している。

Style 1
場所

家の庭やベランダに約10個の養蜂箱を置いている。都会の住宅地なのですぐそばに隣家が迫る。限られた広さの庭だが緑は豊か

Style 2
服装

動きやすく白いウエアが基本。頭には帽子とネットをかぶり、足元はスニーカー。パンツの裾は靴下に入れてしっかりと締める

養蜂（ようほう）を理解してもらうため はちみつを持って 近所にご挨拶

東京・杉並区の住宅地に暮らす兼平進さんは、隣家が間近に迫る限られた広さの庭で9年ほど前からニホンミツバチを飼っている。

「約13年前、福島の都路村（現在の田村市）周辺を訪れたとき、ニホンミツバチの純粋なはちみつを初めて口にしたんです。これがとてもおいしかった。東京に帰ってきてから、ニホンミツバチの存在と、福島の美しい里山の風景とは相容れない原発やコンクリートの建造物などいろいろ考えることがあってね。ニホンミツバチのことを調べてみると自然と密接な関係の中で生きていて、環境破壊や農薬の影響で近年激減しているというじゃないですか。そういうことを知るうちに、ニホンミツバチを増やしていく活動をしていかなくちゃいけないんじゃないかと思うようになりました」

左上／養蜂箱から取り出した巣枠にびっしりと群がるニホンミツバチ。多いときは13群ほどいたが、現在は1群。ニホンミツバチを増やしたいと願うものの、逃げてしまうことも多く、なかなか難しい。右上／はちみつはそのまま食べたり、トーストにつけたりして味わう　右下／瓶詰めしたはちみつはインターネットで販売している。http://www.meneki.biz/honey.html

ミツバチ・カルテ

- 養蜂歴 ◉ 9年
- 飼育数 ◉ 1群（最大13群）
- 初期費用 ◉ 7〜8万円
- 飼っているミツバチの種類 ◉ ニホンミツバチ
- 採蜜する主な花 ◉ サクラ、ビービーツリー、ヤブガラシなど

Style 4
道具

右／❶蜜刀 ❷蜂除けに使うメントール ❸養蜂箱にこびりついた蜜蝋をとるための千枚通し ❹スクレーパー ❺ハサミ ❻ピンセット ❼女王バチの保護に使う王かご ❽ラジオペンチは細かい作業に便利 ❾てこや掃除に用いるハイブツール ❿ナイフ波刃蜜刀 ⓬⓭ハケ　左／道具は作業時にすぐ取り出して使えるように腰袋に入れている

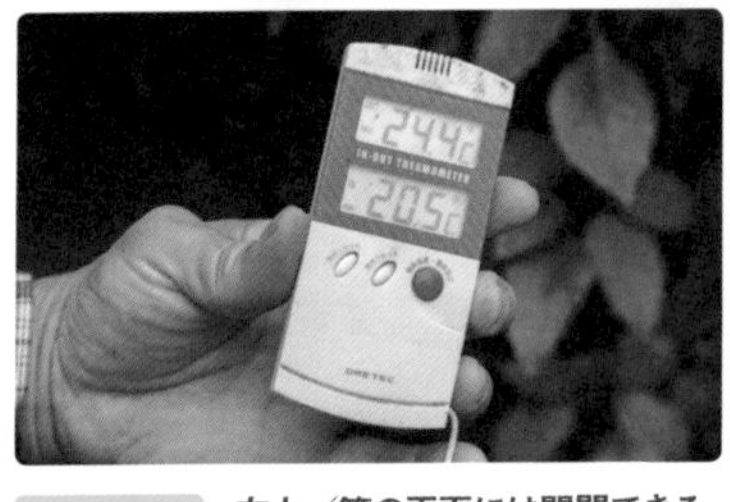

Style 3
巣箱

右上／箱の正面には開閉できる通気用の窓がついている　上／ラングストロス式の養蜂箱。色とりどりの養蜂箱が並んだヨーロッパの山村の写真を見て、それを参考に青や白にペンキで塗っている　右中／巣枠は7枚　右下／冬は断熱材で覆って防寒する　左下／箱の中の温度をチェックする温度計

兼平さんはニホンミツバチの知識をさらに深めるために、私が主催する「日本在来種みつばちの会」に入会し、飼育講習会などにも参加。区役所からの捕獲依頼も受けるようになり、捕まえた分封群は庭の養蜂箱で保護し、育成や増殖の活動を行っている。近所にははちみつを持って回り、養蜂を始めたことを説明すると、ニホンミツバチに対する兼平さんの思いと活動に多くの人が理解を示してくれ、近所の人の中には興味をもって養蜂を始めた人もいるという。

「自己満足にすぎない活動かもしれませんが、少しでもニホンミツバチが増えてくれたらうれしいし、それが日本の自然環境を守ることにもつながると思うんです」と兼平さん。都会の住宅地でミツバチとともに、美しい自然がこの国からなくならないことを願いながら暮らしている。

兼平さんの年間スケジュール

12～2月　越冬
養蜂箱を1段にして発泡スチロールや麻袋で覆って防寒する。巣門も小さくする。ウメの花が咲くころに活動再開

3～6月　観察重点期
気温が上がったら週1回内検。新しい女王バチが育つ前に王台ごと巣箱を3分割し分封を抑える。分封した場合、保護を確実に

7～9月　暑さ対策
養蜂箱を風通しのよい日陰に置くことで、都心の猛暑を少しでも軽減してやる

10～11月　採蜜
蜂たちの状況を確認しながら、冬越しに支障のない程度に採蜜する。一気に気温が下がるときもあるので、防寒も意識しはじめる

兼平さんの養蜂術

近所にはちみつをおすそわけしたり、夏の残暑が少しでも和らぐようにミストシャワーをつけたり、都会ならではの工夫で養蜂を楽しむ兼平さん。失敗も多いというが、試行錯誤を繰り返しながらニホンミツバチを理解し、増殖する活動をしている

Point 1 巣に蜜をため込みすぎぬようこまめに採蜜

巣に蜜をためすぎると産卵スペースがなくなるので、ミツバチたちの様子を見ながら、主に夏と秋に遠心分離器を使って採蜜する。はちみつは瓶詰めにして保存し、自家消費のほかインターネットでも販売。また、近所にもおすそわけしている。家が密集する都会の住宅地では、地域の人に養蜂を理解してもらい、トラブルを起こさないためにもこうした気遣いが大切

Point 2 小道具を使ったアイデアでミツバチを捕獲

右／アカリンダニの被害から守るため巣箱の蓋裏にメントールの粒をガーゼで包み金網に取り付ける。蜂の呼吸器から気管に入り、ダニを寄せ付けない　左／金属製のザルにネットをつけた分蜂捕獲網。木の枝などに蜂球を見つけたらこの網をさっとかぶせて、ザルを上にして網の開口部を閉じ、そのまま下げておくと、取り漏らしたミツバチたちが寄ってくるので、それにまた網をかぶせればまとめて捕らえ、全員を移動することができる

Point 3 養蜂箱に識別マークを描き、帰巣の目印に

ラングストロス式以外にも、「藤原式縦型巣箱」などを自作。養蜂箱はペンキで青や白に塗られ、また三角や四角などのマークが描かれている。これは狭い庭にたくさんの養蜂箱が置いてある中で、ミツバチたちに自分の巣を素早く認識してもらうためのもの。ミツバチたちは図形や色の認識力が強いので、「花蜜を集めに出て行ったミツバチが、間違わずに帰巣できるようにするためのアイデアです」と兼平さん

Point 4 日よけとミストシャワーでミツバチのための猛暑対策

東京の夏の猛暑を少しでも和らげるために、庭に日よけをつくってそこに養蜂箱を置いている。また、養蜂箱の周りにはミストシャワーを取り付けて、暑さがひどいときは冷たい水を噴霧して冷却できるようになっている

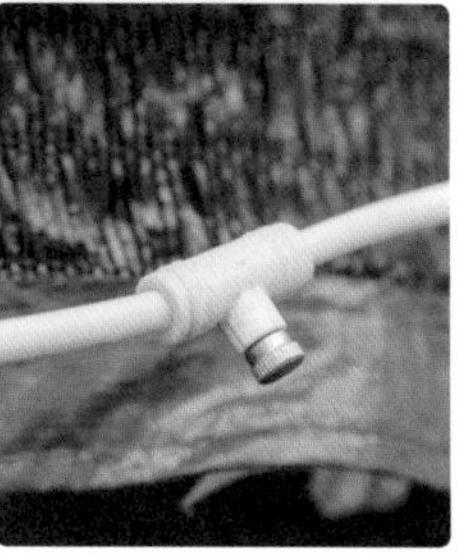

Life Style

4 三重県松阪市

竹岡豊美さん

田舎で自然暮らしを楽しみながら、インターネットで全国の蜂友と交流

PROFILE

たけおか・とよみ

1958年、三重県生まれ。松阪市で国産小麦と天然酵母のパンの店『木琴堂』を営む。子どものころ家でミツバチを飼っていた経験があり、大人になって再びミツバチを飼いはじめたのは8年ほど前。http://ameblo.jp/mokkindo-pan/

左上／自宅兼パン屋。家のすぐ横の森に養蜂箱を置いている。多い時には10群ほどいたが、昨年、ミツバチに寄生するアカリンダニの被害が発生し、現在飼育しているのは3群　右上／養蜂箱の巣門に群れるニホンミツバチ　右下／竹岡さんが営む木琴堂のパンは、国産小麦と自家製の天然酵母にこだわっている。パンにのっているのは採取したばかりの巣蜜

ミツバチ・カルテ

養蜂歴 ◉ 8年

飼育数 ◉ 3群

初期費用 ◉ 1万円

飼っているミツバチの種類 ◉ ニホンミツバチ

採蜜する主な花 ◉ サクラ、クサギ、モモなど

子どものころ当たり前だったミツバチとの暮らしを再び

「私が生まれ育った松阪の山間の集落では、昔はどこの家にもミツバチがいました。ミツバチとの暮らしが当たり前のことでね。物置や納屋なんかに養蜂箱が置いてあって、屋内で飼っていたんです。私のうちにもいましたよ。物心ついたときからミツバチと暮らしていたんです」と話してくれた竹岡豊美さん。実家を出て働きはじめてからは、身近にミツバチがいる環境ではなくなったが、心のどこかではミツバチを飼いたい気持ちがずっとあったという。

そんな竹岡さんが再びミツバチとの暮らしを始めたのは、今から8年ほど前だ。「たまたま家の近くの山を歩いているときに、木にぶら下がっている蜂球を見つけたんです。11月でしたから、通常、春から夏に見られる分封じゃなくて、スズメバチに追われていたみたいでした。急い

Style 1 **場所**

敷地の一角にたくさんの木々と草花を植えて森のようにつくった庭が竹岡さんの養蜂場所。木陰になるところに養蜂箱を置いている

Style 2 **服装**

近所のホームセンターで購入した不織布のつなぎ。養蜂専用のウエアではない。手にはゴム手袋をはめ、足は長靴。顔と頭は麦藁帽子にネットをかけてハチの侵入を防ぐ

Style 3
巣箱

右上／板を三枚重ねた巣門は多方向から出入りができ、スズメバチが襲来したときでもミツバチが巣の中に閉じ込められるのを防げる　右下／底には通気口が設けられているが、冬は断熱材を入れることで冷気の侵入を防ぐ　左上／自作の重箱式養蜂箱。左下／巣板を保持する格子は十字型

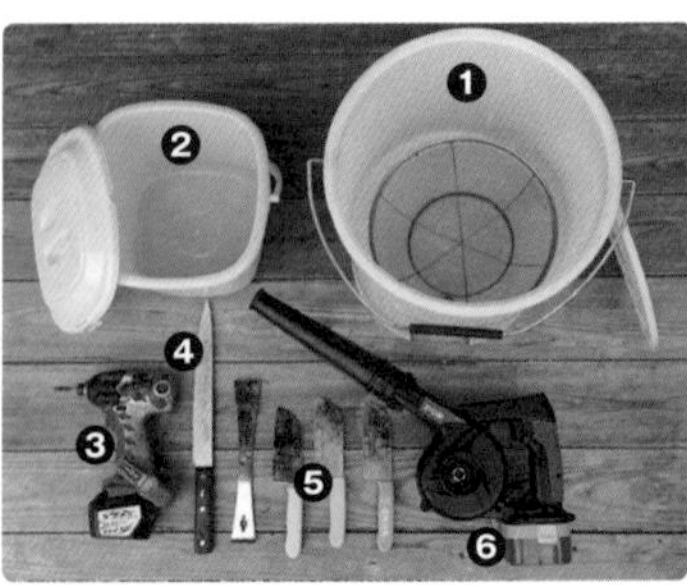

Style 4
道具

右／100円ショップで購入した包丁は小回りがきき、巣枠はがしに最適　左／❶採蜜に使うバケツ ❷生ゴミ処理容器も採蜜用 ❸養蜂箱の製作や修理に欠かせないインパクトドライバー ❹巣板を切って重箱を切り離すための包丁 ❺切り離した重箱から巣板をはがすためのヘラやミニ包丁。100円ショップで入手したもの ❻採蜜の際にミツバチを吹き飛ばすためのブロワ

で家に帰って部屋に転がっていたミカン箱を持ってきて、蜂球をごそっと入れて持ち帰ったんです。養蜂箱はその日の夜に急ごしらえしたんですが、うまく入ってくれて。それからですね、再びミツバチと暮らすようになったのは」

竹岡さんは養蜂をはじめとした自身の暮らしをブログで積極的に発信しており、そこでつながった〝蜂友〟が全国にいる。P.14で紹介した安田さんもそのひとり。「私にとってはみんなが養蜂の先生です。ネットで情報交換したり、実際に会ったりして教えてもらっていますよ」

蜂友との間でミツバチを分けたり、交換したりすることもある。今はアカリンダニが原因の病気で自然群が消滅していないので、自分のところのミツバチだけで代を重ねていくと、近親交配で弱くなってしまうため、新しい血を入れるのだ。また、何かのトラブルで群れが減ってしまったときは、蜂友から分けてもらうこともある。

現在は3群のニホンミツバチを飼っている竹岡さん。庭や畑に出れば、子どものころそうだったように、花から花へと元気に飛び回るミツバチたちの羽音がいつも聞こえる。

※編集部注／ミツバチを交換する場合、渡す側と受け取る側の双方に、ミツバチに潜伏している病気を見分ける力が必要。また、都道府県を越えてミツバチを移動させるには、国の許可も必要になる

竹岡さんの年間スケジュール

4～6月　分封群の捕獲
養蜂箱を掃除し、蜜蝋を塗っていろいろな場所にキンリョウヘンとともに設置して分封を待つ。入ったら飼育場所に移動

7～9月　月1～2回の内検
月に1～2回内検し、様子を見て継ぎ箱や巣クズの掃除。アカリンダニの防除に入れていたメントールは状況を見て取る

10～11月　採蜜する
においがきついセイタカアワダチソウの花が咲く前に採蜜。アカリンダニの防除にメントールを入れ、スズメバチ対策も。

12～3月　越冬
弱っている群れに砂糖水を給餌して越冬。キンリョウヘンを室内に置き、4月に開花するように育てる。巣箱づくりもこの時期

竹岡さんの養蜂術

養蜂のノウハウは全国の蜂友に教わった。養蜂を始めたことで広がった交友関係は、竹岡さんにとってミツバチと同じくらい掛け替えのないものだ。困ったことはすぐに相談でき、新しいアイデアも生まれやすい。

Point 1 蜂友との交流で養蜂をもっと楽しく

ブログを通じて全国に蜂友がいる竹岡さん。ネットで情報交換したり、実際に会いに行ってミツバチ談義を楽しんだりしている。そんな蜂友からミツバチを分けてもらうこともある。写真は蜂友との間で蜂を輸送するためにつくった箱。通気口や止まり木などをつくって、輸送中もなるべく蜂に負担がかからないようにしている。

Point 2 分封した蜂を簡単に集める仕掛け

古竹でつくった集合板。古竹は分封したミツバチが好む素材で、蜂が集まりやすい。約30㎝四方で竹を組み、周辺の木にヒモを張って空中に維持し、集合板の上に誘引花であるキンリョウヘンの花を置くと、その下に分封したミツバチが蜂球をつくる。集合板の中心部には開閉式の扉があり、それを開けると、箱の中に群れが入ってくる仕組みだ

Point 3 採蜜に家庭用生ゴミ処理容器が便利

家庭用の生ゴミ処理容器の中にザルを置いて、養蜂箱から取り出した巣板を入れておけば、重力ではちみつが流れ出て生ゴミ処理容器の下部にある栓から出てくるので、それを別の容器で受ける。粒の大きな不純物はザルによって除去できる。目の細かいさらし布などを併用すると、より細かい不純物をこすことができる。

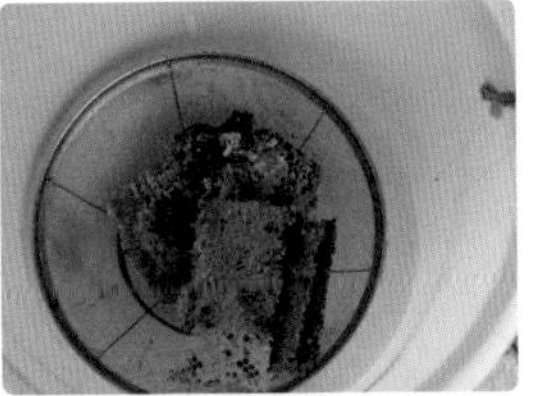

Point 4 スマートフォンのカメラで内検

竹岡さんの養蜂箱は一番下の段の背面が開閉式になっていて、内検をするときはそこからスマートフォンを箱の中に入れて撮影する。素早くできるので、ミツバチたちのストレスもほとんどない。

初めてのミツバチ

chapter 2

Q&A

ミツバチの生態はとっても不思議。コロニーと呼ばれるひとつの群れで、女王バチ、働きバチ、雄バチが一緒に生活をしています。それぞれの役割や寿命はいったいどのようなものなのか？　初心者にはわからないことばかりです。そこで、ミツバチと仲よく暮らすために、Q&Aの形でミツバチのことを学んでいきましょう。

Q1 ミツバチはよく人を刺す？

A1 刺激しないかぎり刺しません。

ミツバチはとても温和で愛らしい性格です。普段は手で触れても刺したりすることはありません。とくにニホンミツバチはむしろ臆病で、巣箱を開けると、人の視線を避けるように端っこに寄ったりするほどです。

「では、ミツバチは刺さないのか？」というと、そうとも限りません。ミツバチが刺すのは群れが危険に脅かされたと感じたとき。「黒い服を着ていると刺されやすい」という話がありますが、これはミツバチにとってクマを連想させるからだともいわれています。また、花蜜が取れなくなる季節や寒い時期は警戒心が強くなりイライラしているので、攻撃的になります。

でもミツバチが刺すときは命がけ。針に返しがついているので一度刺すと胴体の一部がちぎれて死んでしまうはかない生き物です。ミツバチにストレスを与えないように優しく触れ合っていれば、「この生き物は無害」と認識され、ちょっとしたことでは刺さなくなります。

手に乗せても刺されない。手にはちみつを塗っておくとミツバチが吸うので、じっくりと観察できる

Q2 ミツバチの家族構成は？

A2 一匹の女王バチと少数の雄バチ大多数が働きバチの大家族です。

女王バチ

ミツバチの巣を見てみると六角形の水平向きの巣房のほかに王台（写真：P.58参照）と呼ばれる袋状のものが巣の下向きにできます。通常、王台に産み落とされた卵だけが女王バチになります。

働きバチよりもサイズが大きく、細長い女王バチ。1日に1000個ほどの卵を産む

女王バチに与えられる食料は主にローヤルゼリー。若い成虫の働きバチだけがつくることのできる物質で、女王バチは孵化してから生涯にわたって食べ続けて数年間も生きることができます。女王バチは誕生して1週間前後で、交尾飛行に出かけます。複数匹の雄バチと交尾し、受精した500万個程の精子を使い、一生涯、働きバチを産み続けます。

女王バチの産卵能力が減少すると、働きバチが王台をつくって新しい女王を育てはじめます。古い女王バチはやがて分封群と共に去るか、新女王に殺されてしまいます。それまでは女王バチは、群れを維持するためにたくさんの卵を産みます。女王バチなくしては群れを維持することはできないのです。

雄バチ

働きバチよりもむっちりとしたボディラインで目も大きめ。群れの中に少数存在している

雄バチの巣房は働きバチの巣房に比べて少し大きくて不整形。また、働きバチが有精卵から産まれるのに対し、雄バチは無精卵からで、女王バチは交尾をしなくても雄バチを産めます。雄バチは働きバチが子育てや花蜜、花粉集めなどをしているときも、巣房の上で何もしません。食料も働きバチから与えてもらっているので何不自由なく暮らしています。

しかし、雄バチは群れを維持するために欠かせない存在です。主な役割は女王バチとの交尾です。春、新女王バチが交尾飛行に出かけると雄バチも飛んでいき、ある空間に集合し女王バチに背面から馬乗りになり命をつなぎ、その直後に死を迎えます。雄バチは何度となく交尾飛行に出かけるものの、交尾ができないものは、群れが新しい女王バチを迎えた後は冷遇され、食事も与えられず巣から追い出され、餓死してしまいます。

ところで最近の研究では、雄バチのサナギの体表面にはヘギイタダニが好んで付きやすいことがわかっています。この特性を利用した、ダニが発生した巣の中に雄バチの産卵専門の巣礎枠を入れて、サナギまで育成したとき、サナギもろとも巣箱の外に出して駆除するという方法もあります。群れのために自らを犠牲にすることで、彼らも役立ってくれるのです。

働きバチ

働きバチは午前中から昼にかけて最も多く外に飛び出し、蜜や花粉、水を集めてくる

群れの大多数を占めているのが働きバチです。働きバチはすべてメス。巣房に卵が産み付けられ、3日間だけローヤルゼリーを食べ、その後は花の蜜と花粉を食べて成長します。活動期の寿命はわずか1カ月。季節にもよりますが、花蜜がたくさん取れる時期は毎日のように働きに出ます（働きバチの主な役割はP.30を参照）。寒い冬は巣の中で過ごすことが多く、あまり働かないので半年生きることも。誕生した時期によって寿命は変わってくるのです。

働きバチは巣の掃除をしたり、幼虫や女王バチの世話をしたりするほか、花があるところに飛んで行き、花粉や蜜を集めてきます。1回の飛行で1～500もの花を訪れ、持ち帰る花粉の量は0.1～0.3g、花蜜の量は0.15～0.2gです。巣に戻ると、六角形の巣房に蜜を入れてふたたび外へ飛び出していきます。この作業を、1日に10～15回も繰り返すのだから驚きです。

働きバチの仕事は、群れ以外にも役立っています。働きバチがたくさんの花を訪れることで成立し受粉が起きます。雄しべと雌しべの花粉の交配がによって多くの植物が実や種子をつくることができ、私たちも恩恵を受けて自然のサイクルを身近に感じられます。

Q3 ミツバチの一生はどのくらい？

A3 働きバチは1カ月です。

ミツバチは他の昆虫と同じように卵、幼虫、サナギ、成虫という4段階の変態を行いますが、精子と結合している卵（受精卵）からは働きバチが、精子と結合していない卵（無精卵）からは雄バチが生まれるという風変わりな性決定の仕組みをもっています。単為生殖となる雄バチは、女王バチの生殖細胞だけが増殖したものです。

群れの大多数を占める働きバチはみんなメスですが、女王バチが避妊フェロモンを出すため産卵しません。しかし女王バチが2～3年目になり産卵能力が低下する前に、群れの中に生まれる新しい女王バチにバトンタッチして、群れを持続させていきます。

働きバチは文字どおり、生まれてから死ぬまで労働に明け暮れます。成虫になった直後は自分の巣房を掃除し、子育て、見張り役などを経て、最後の1週間はミツバチにとって花形ともいうべき花蜜や花粉集めに従事し、生涯の幕を閉じます。体中花粉にまみれ、花粉だんごをつくり、花蜜を集めている様子は、嬉々としているようです。わずか1カ月の生涯ですが、群れのために全力で生きているその姿は私たちの心を強く打ちます。

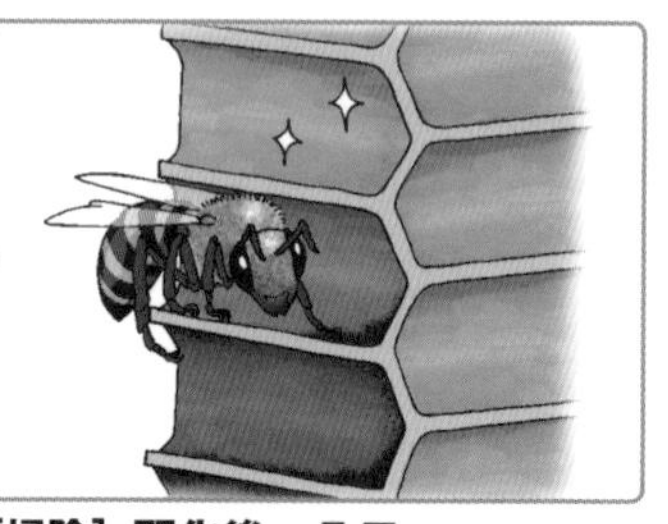

【掃除】羽化後～5日
働きバチは羽化した直後に働きはじめる。ゴミを口でくわえて、巣の外にゴミを運び出す。ミツバチは綺麗好きなのだ

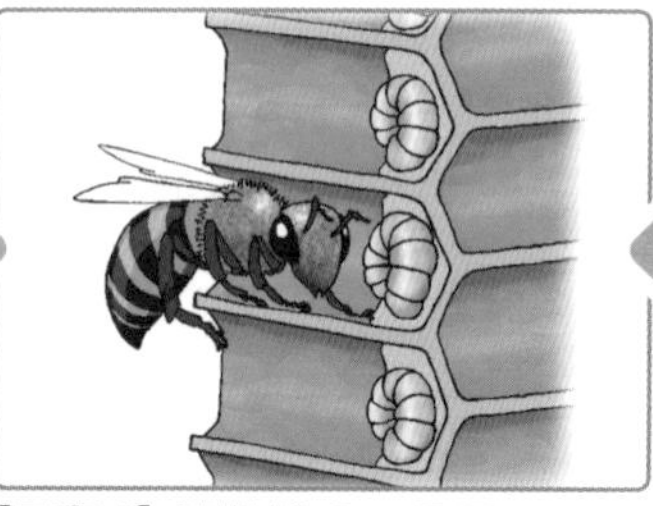

【子育て】羽化後3～5日
日齢3～5日になると、子育てを開始。ローヤルゼリーや、はちみつと花粉を混ぜたものを幼虫に食べさせる

【空調管理】羽化後3～10日
巣の中の温度は常に34℃前後。その温度を保つため、羽ばたきして調整する。夏は水を運び、気化熱で温度を下げたりもする

【巣作り】羽化後8～16日
ロウ腺から巣の原料になるロウが分泌されはじめると巣づくりに従事。体を支え合い、触覚や足で寸法を測って牙で6角形をつくる

【門番】羽化後16～24日
巣門の前での見張り番の仕事。スズメバチやアリなど外敵が来たら、針で刺したり、咬んだり、羽で吹き飛ばして攻撃する

【蜜&花粉集め】羽化後20日～
巣の外に飛び出し、食料となる蜜と花粉を集めに行く。いくつもの花を回り、1日に何往復もする

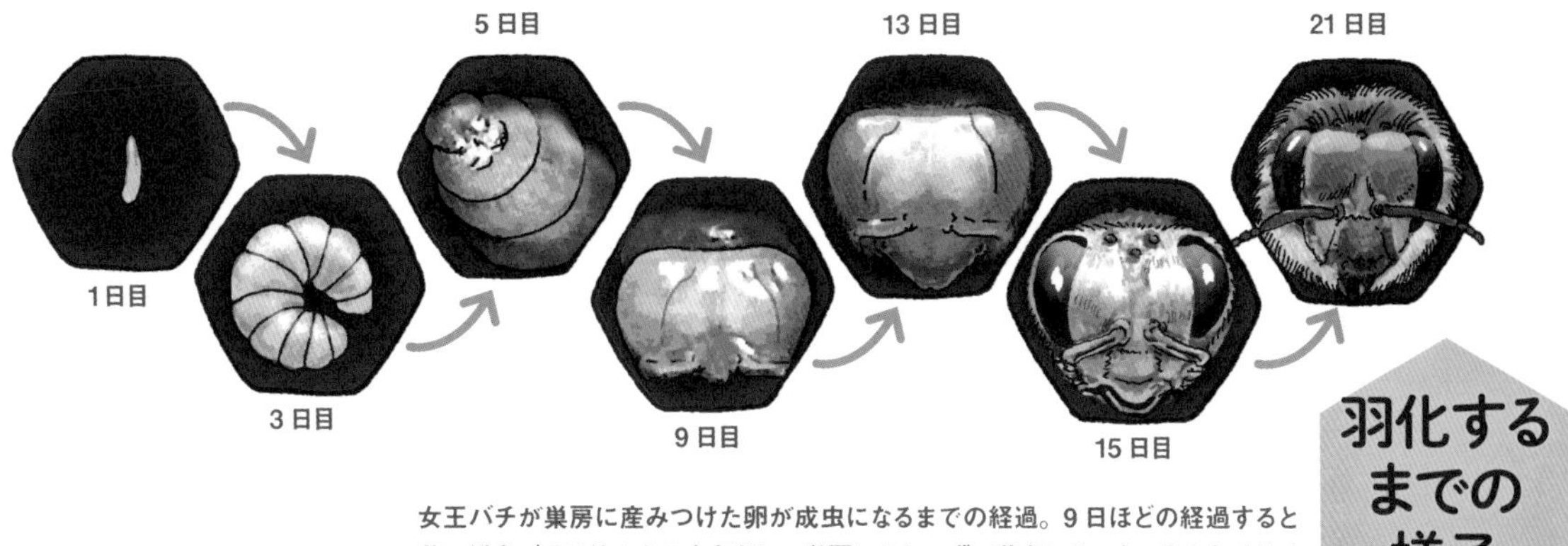

羽化するまでの様子

女王バチが巣房に産みつけた卵が成虫になるまでの経過。9日ほどの経過すると若い働きバチは体からロウを出し、巣房にひとつずつ蓋をしていく。その中でサナギから21日目には成虫に変態し、蓋を被って出てくる

女王バチと働きバチの仕事

巣脾は上から「貯蜜の領域（蜜蓋されたものも含む）」「花粉の領域」「育児の領域」として女王が育つ王台は、大抵の場合下に垂れ下がるようにしてできる。中心から遠い巣碑ほど貯蜜房が多くなり、全面貯蜜枠となっていることも多い

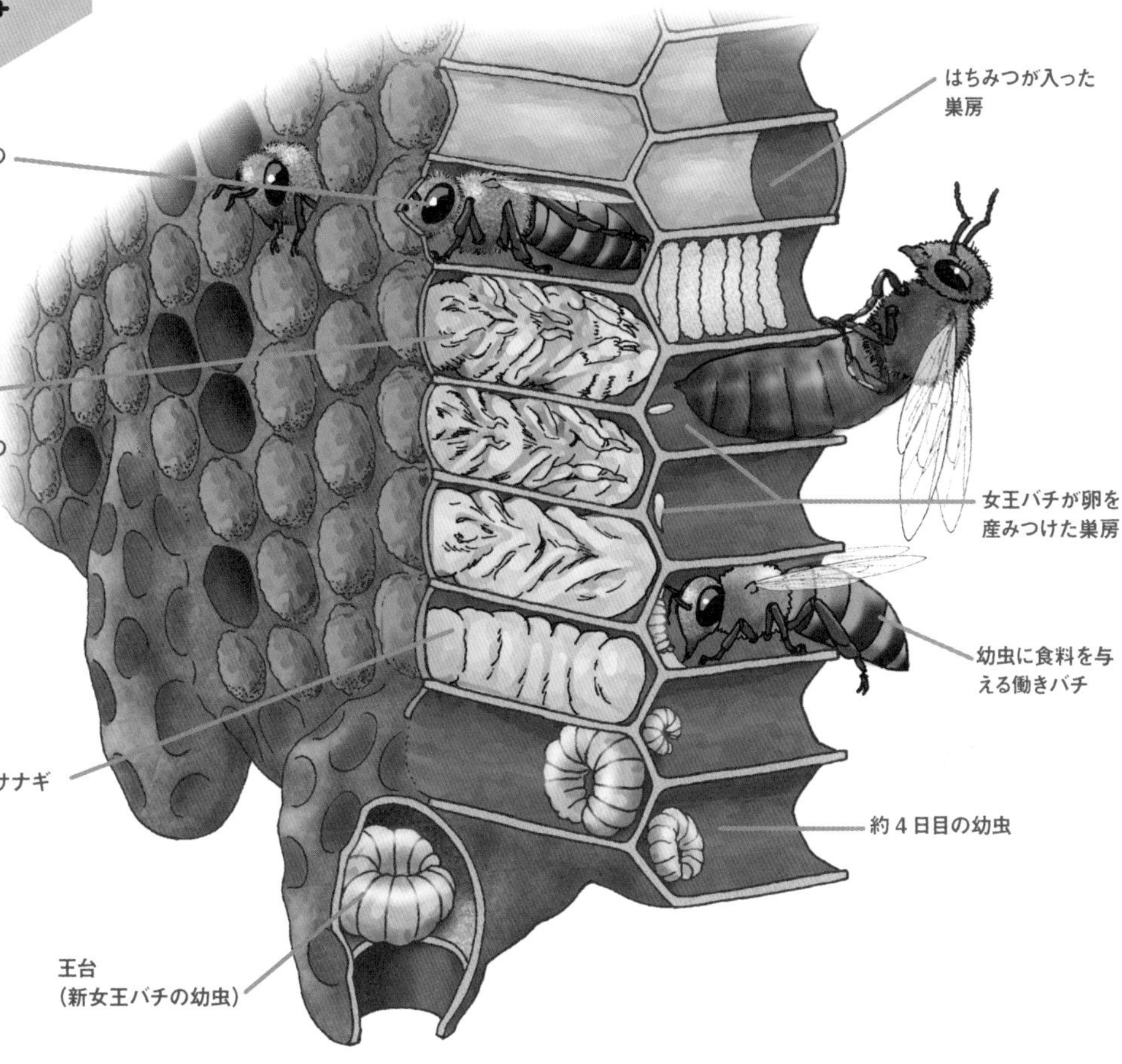

はちみつが入った巣房

約21日目のミツバチ

約15日目のミツバチぐらい。雄バチはサナギの期間が4日長い

女王バチが卵を産みつけた巣房

幼虫に食料を与える働きバチ

サナギ

約4日目の幼虫

王台（新女王バチの幼虫）

Q4 蜜の場所を仲間に知らせるって本当？

A4 ダンスをして仲間に蜜源の場所を伝えます。

ミツバチは実はダンスを踊ります。ダンスはミツバチにとって、仲間とコミュニケーションをとる言語です。これを発見したドイツのカール・フォン・フリッシュは、1973年にノーベル賞を受賞しています。

ミツバチのダンスは、巣門を入ってすぐのダンスフロアと呼ばれるところで行われます。種類は、主に「8の字ダンス（尻振りダンス）」と「円形ダンス」の2種類。

8の字を描くように動く8の字ダンスは、蜜源までの「距離」と「方向」を示します。8の字を描くダンスが早ければ早いほど、蜜源が近くにあることを意味し、おしりの方向がその向きを示します。ゆっくりダンスをしているものより、早い動きのダンスをしている働きバチのほうが人気です。

円を描く「円形ダンス」は、100m以内に蜜源があるという合図です。ミツバチの研究者には、これらのダンスを見ただけで蜜源の位置がわかる人もいます。ダンスは蜜源の位置を知らせるだけでなく、偵察バチがよい引越し先を見つけたり、水源を見つけたときにも踊ります。

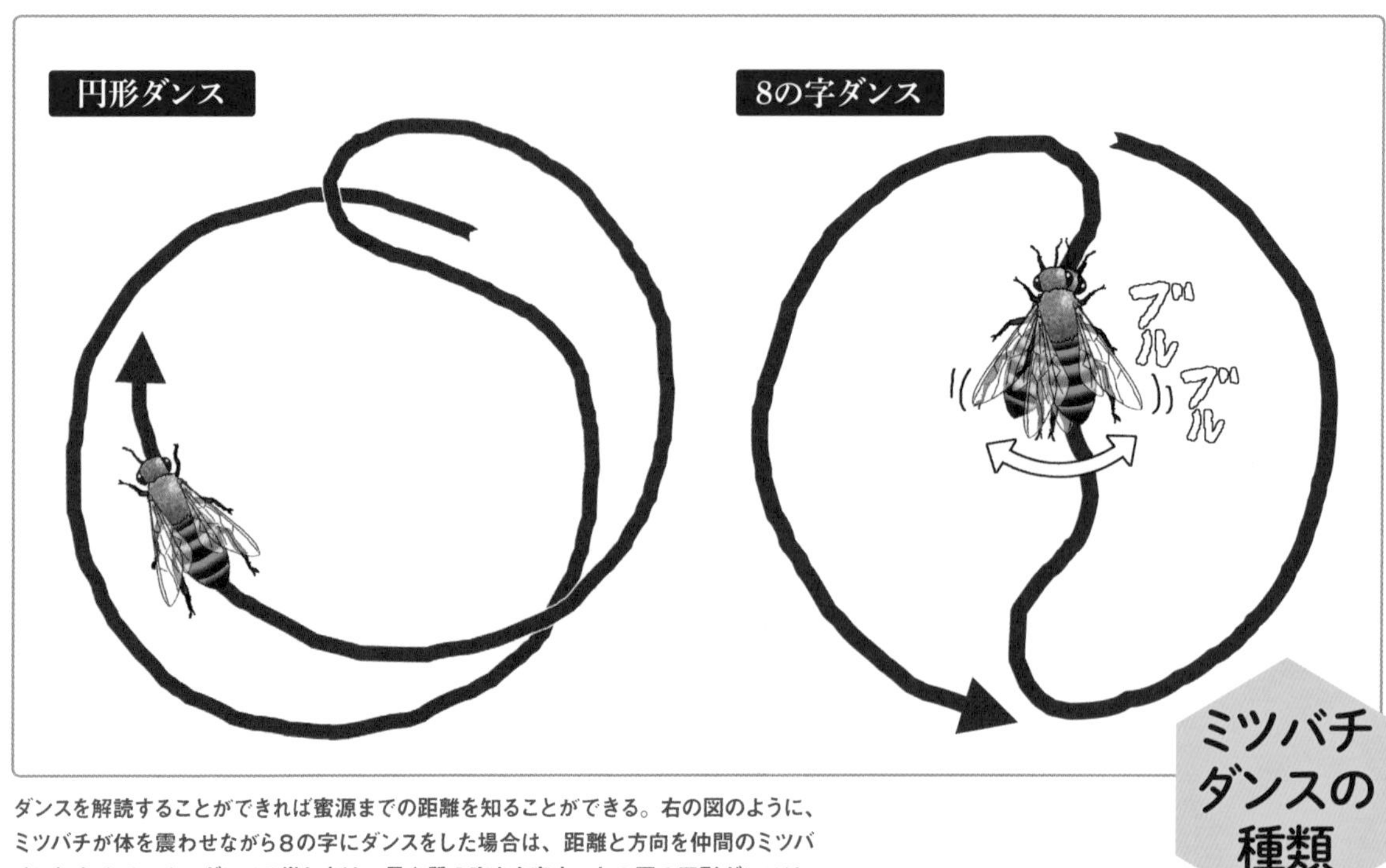

ダンスを解読することができれば蜜源までの距離を知ることができる。右の図のように、ミツバチが体を震わせながら8の字にダンスをした場合は、距離と方向を仲間のミツバチに知らせている。ダンスの激しさは、量や質の高さを表す。左の図の円形ダンスは、8の字ダンスに比べて近くの蜜源などを知らせるダンスだが、多少の誤差がある

Q5 はちみつはどれくらい採れる？

A5 巣箱の種類によって異なります。

ミツバチを飼う大きな楽しみのひとつが採蜜です。よく「どのくらいの量が採れる?」と質問されますが、これは周囲の環境や巣箱の種類、サイズ、養蜂技術によって異なります（P.52参照）。また、ミツバチの種類によっても異なります。貯蜜能力に優れた改良品種のセイヨウミツバチは、一般的にひとつの健全な群れで年間40kg〜70kg採蜜できるといわれています。

それに比べてニホンミツバチは約5〜20kg。セイヨウミツバチの半分以下の量ですが、稀少性が高いため、高値で販売されています。巣枠式でなく自然巣暮らしのミツバチなので、1年間に1度しかはちみつを採ることができないといわれてきましたが、最近、相次いで専用の養蜂器具が開発され、巣枠で飼うことができるようになって来ており、近い将来は年間に数回、季節ごとにはちみつを採れるようになっていくでしょう。

はちみつとひとくちにいっても、種類は豊富。季節ごとに咲く花の蜜の味を比べるのも楽しいもの

Q6 採れたはちみつは販売できるの？

A6 できます。

はちみつは販売できますが、そのためにはミツバチ飼育届けを提出し、売上の確定申告をしなければなりません。また、一般社団法人日本養蜂協会によって国産天然はちみつの規格が以下のように定められています。①はちみつの性状はちみつは淡黄色ないし暗褐色のシロップ状の液で、特有の香味があり早晩結晶を伴うもの、②温度20℃での水分が22％以下、③果糖およびブドウ糖含有量（両者の合計）60g／100g以上、④しょ糖の含有量5g／100g以下、⑤灰分（電気伝導度）0.8ms／cm以下、⑥H.M.F.の含有量5.9mg／100g以下、⑦100gにつき1Nアルカリ5㎖以下の遊離酸度、⑧でん粉デキストリン陰性反応、⑨ジアスターゼ活性値10以上、⑩抗生物質陰性反応　また、食品衛生法の基準値が設定された場合はその基準値以下であること。

糖度にも条件があります。ヨーロッパが80％なのに対し、日本は76％以上で販売が可能です。ニホンミツバチの場合、78％以上でも発酵による気泡が生じて味が落ちる場合も多くあります。長期保存用としては糖度80％以上で採取するように心がけましょう。

Q7

はちみつはどうやってできるの？

A7

花蜜を巣内で酵素分解し、水分も蒸発させてできています。

はちみつは、働きバチの体から生み出された自然の甘味です。働きバチは、訪花した際に花の蜜である「花蜜」を、体内の「蜜胃」にため込み巣に持ち帰ります。持ち帰った花蜜は、巣内にいる働きバチに口移しで渡されます。この過程で、ミツバチの体内で分泌される酵素が加わり、花蜜はブドウ糖と果糖に分解され、「はちみつ」となります。

巣房に蓄えられたはちみつは、まだ水分が多く、放っておくと腐ってしまうので、ミツバチたちが羽で風を送って水分を蒸発させます。巣内の温度は一定に保たれているので、はちみつは徐々に濃縮され、糖度を上げておいしく変化していきます。巣房の中で糖度80％程度にまで濃縮されたはちみつは、ミツバチたちがその上にロウの膜をつくり、密閉し貯蔵されます。

はちみつは幼虫から成虫への日々の生活のほかに、外界に飛び立ってから巣に戻ってくるための、エネルギー源であり主食です。また、蜂の巣の材料である蜜蝋の原料でもあるはちみつは、自然界で最も甘い食物で、その滋養は私たち人間にも役立てられています。

Q8

みつばちは何を食べるの？

A8

花粉や花蜜、はちみつ、ローヤルゼリー、水です。

働きバチや雄バチは、孵化してから3日間ぐらいまで、若い働きバチが花粉やはちみつを体内で分解・合成したクリーム状の「ローヤルゼリー」を与えられて育ちます。4日目以降は花粉や花蜜、はちみつを食べます。雄バチはローヤルゼリーをつくらないので、成虫になったあとは花粉を食べません。女王バチは、卵の時期から死ぬまで、働きバチからローヤルゼリーを与えられ続けるので、体の大きさは働きバチよりもずっと大きく、毎日たくさん産卵できるスタミナを備えています。

飼育時は季節や環境によって食料が不足することがあるので、砂糖を水に溶かした50％程度の「糖液」を与え、花蜜やはちみつの代わりにしたり、花粉の代わりになる「カゼイン」や酵母をペースト状にした「ビーハッチャー」を与えたりしましょう。

ミツバチも喉が渇けば水を飲みます。また、巣箱内の温度が上昇していると感じたら、吸った水を巣内で吐き出し、羽を動かして気化熱で温度を下げたり、はちみつの粘度を和らげたりするので水を与えることも大切です。

Q9 ミツバチを飼うのに適した場所は？

A9 蜜源が豊富で、人通りが少ない場所です。

ミツバチたちの仕事の第一の目的は、群れを維持し続けるための子育てにあります。働きバチが花粉や花蜜を求めて飛び回るのもそのためです。ですから、蜜源の豊かさと巣からの距離が、ミツバチの仕事の負担を大きく左右します。そのため、蜜源が近くになく、花蜜を求めて遠くまで飛ばなくてはならない環境は、ミツバチにとって大きな負担となり、巣箱への居付きや生活の質が悪くなります。

　とくにニホンミツバチの場合は神経質なので、住み心地が悪いと感じれば、あっという間に逃去してしまいます。反対に、蜜源が豊かな環境に巣があるミツバチは、非常に穏やかで落ち着いています。周りの環境も大切です。人が少ない場所であればさほど問題ありませんが、道路に面した場所は避けたほうがいいでしょう。ミツバチは穏やかな性格ですが、それを知らない人はミツバチを見ただけでびっくりしますし、蜂の通り道と人の道路が交差していると、ぶつかり事故で刺されることも。トラブルがあると養蜂をしているほかの人にも影響が及んでしまうので、注意したいですね。

Q10 マンションでも飼うことができる？

A10 周囲の環境によっては飼えます。

最近は、趣味としてベランダでミツバチを飼っている人も増えてきました。巣箱の設置面積は小さいので、ベランダに置くことも可能だからです。養蜂が盛んなフランスでは、国全体がミツバチに理解があるので、当たり前のようにベランダでも飼っています。技術的には問題ありませんが、社会的には文化的過程が違う日本ではまだハードルが高い地域が多いです。

　まずベランダで飼うには大家さんの許可と近隣住人への配慮が必要です。虫嫌いの人やミツバチは危険だという認識をもっている人が大半なので、根気よく説明する必要があるでしょう。都内で飼う場合は、ある程度高度な養蜂技術が必要です。ミツバチが巣箱いっぱいに増えて巣分かれする分封（P.72参照）や逃去は、初めて見た人がパニックを起こしてしまうくらいの羽音と光景で、駆除の対象になってしまうこともあります。そのときに、ミツバチが人の髪の毛に入ってしまうと刺してしまうこともありえるので、ミツバチをコントロールできる技術を身につけたり、インストラクターと契約するのもひとつの方法です。

Q11

ニホンミツバチとセイヨウミツバチはどこが違う？

A11

見た目や行動などが違います。

世界中の養蜂家のほとんどがセイヨウミツバチを飼っています。草原生まれのうえ、長年品種改良を繰り返してきた歴史も関係して、貯蜜能力が高く、逃去しづらい系統となり飼いやすいからです。

ニホンミツバチは森林生まれの日本在来原種。品種改良はされておらず、神経質で逃去しやすく、貯蜜能力もセイヨウミツバチの半分〜1／3程度。しかも、セイヨウミツバチのような近代的飼育、採蜜器具がほぼ未発達なため、養蜂家から敬遠されてきました。しかし、ごく最近では養蜂技術や器具の進化、そして情報の共有化も進み採蜜量も増え、飼う人も増えています。

ニホンミツバチは日本の自然風土と相性がよく病気に強いので、薬を多用しないで飼えるのも特筆すべき点です。天敵であるスズメバチに群れで立ち向かい、熱殺して群れの損失を最小限に抑えることができます。

気持ちを理解し、居つづけてもらえるように気を配るのがニホンミツバチといえるかもしれません。ニホンミツバチは実に面倒と思う反面、自然に学ぶ姿勢を重んずる人にとっては、自然を理解し、人におもねることないニホンミツバチのサバイバル力には尊敬の念すら感じられ、それがニホンミツバチの養蜂の醍醐味といえるかもしれません。同じミツバチでも大きく特徴が異なり、私には何か、イヌとネコの性格の違いにも似ていると感じられます。

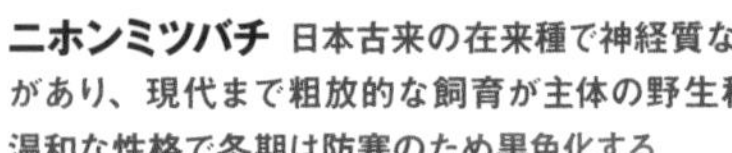

ニホンミツバチ 日本古来の在来種で神経質な面があり、現代まで粗放的な飼育が主体の野生種。温和な性格で冬期は防寒のため黒色化する

セイヨウミツバチ 全体的に黄色っぽいのがセイヨウミツバチ。日本では「イタリアン系統」の血筋が主で生産能力を高めた改良品種

ニホンミツバチとセイヨウミツバチの違い

	ニホンミツバチ	セイヨウミツバチ
性格	おとなしく少し臆病	攻撃的だが燻煙器などでおとなしくできる
行動	細かいジグザク飛行が得意で単独行動が多い	直線的飛行で集団行動が多い
活動範囲	半径約1〜2km 以内	半径約 3 〜 4km 以内
耐寒性	寒さに強く、約7℃以下でも活動することがある	寒さに弱く、約 13 〜 14℃以上から活発に活動しはじめる
病気	タイサックブルード病、アカリンダニ症など	バロアカダニ、チョーク病、アメリカ腐蛆病、ノゼマ病など
生産物	はちみつ、蜜蝋など	はちみつ、蜜蝋、ローヤルゼリー、プロポリスなど

Q12 ミツバチの巣は何でできている？

A12 蜜蝋（みつろう）です。

ミツバチの巣はミツバチの体から分泌されるロウ、蜜蝋でできています。セイヨウミツバチの場合は多様な利用価値のあるプロポリスも加わります。

ミツバチが巣づくりして間もない、まだ子どもを育てていない巣房に入ったままの巣蜜は「バージンコム」と呼ばれ、見た目もきれいで軟らかくプレゼントに最適です。人工巣と違い、自然巣は食べることができます。とくにニホンミツバチの巣蜜はパンの上に載せるとロウが小麦粉のでんぷん質を包み込み、おいしくいただけます。

巣房に蜜がたっぷり入っている様子は宝石のように美しい。このままそっくりいただける

Q13 どのくらいの距離を飛ぶの？

A13 半径1～4kmです。

主な飛距離はニホンミツバチとセイヨウミツバチによって異なります。ニホンミツバチの場合は半径1～2km以内とされていて、セイヨウミツバチは3～4kmといわれています。しかし、実際には蜜源が不足している場合は、もっと長距離を飛んでいるというデータもあります。

ミツバチが飛ぶエネルギー源ははちみつです。飛び回って集めているものは、はちみつの原料となる花の蜜と花粉です。

はちみつの消費を抑えて効率的に貯めるために、働きバチははちみつを片道分だけ蜜胃にためて巣を飛び出します。蜜源地からの帰りの蜜を食べながら巣に戻ってくるのです。もし蜜源が見つからないとエネルギー切れになり死んでしまうので、蜜源が見つかっていないときは、多めにはちみつを食べ蜜胃にためて出発します。蜜源が見つかり場所と距離を覚えたら、蜜胃にためるはちみつの量をその距離に合わせて減らすというから驚きです。

最近では、飛ぶ距離に応じて蜜胃に畜えるはちみつの濃度も変えているという研究発表もありました。ミツバチが秘めている驚くべき習性は、まだまだ解明されていないことがたくさんあるのです。

Q14 群れを維持するには？

A14 ミツバチが快適にいられるようにすることです。

群れを維持するには、ミツバチの感覚や目線になって考えることが大切です。ミツバチたちは飼われているという認識がないので、人間がミツバチに寄り添い、思いやりをもって接する必要があります。餌の補充や温度管理などミツバチが快適にいられるように手助けをしてあげましょう。

そのための飼育手法を学ばないといけません。群れに落ち着きがない場合は逃去する可能性があるので、原因を突き止めなくてはなりません。長年飼っていたミツバチがいなくなってしまうのは、心にポッカリと穴があくような大変なショックです。

冬の寒い時期は人間と同じようにミツバチも保温してあげる必要がある

それでも謙虚な気持ちで原因を探り、学ぶ姿勢が大切です。

逃去の原因の多くは餌不足にあります。ミツバチは巣づくりや育児、活動エネルギーにはちみつを消費しますが、外で花蜜を得られず餌が枯渇している場合は、ほかに蜜源を求めて逃去してしまうことがあります。その場合は急いで給餌しましょう。あまりにも蜂群が衰弱していたら、一度、巣房にいるサナギや幼虫部分の巣脾を取り出し、働きバチの活動負担をセーブさせる方法もあります。また、採蜜方法や内検が不適切な場合も逃去の原因になります。巣箱を長時間開けたり、ミツバチを乱暴に扱うとストレスを感じるからです。

群れの衰弱の原因は、スムシの発生が考えられます。スムシは巣をぼろぼろに食い荒らします。そうなると働きバチは働く意欲が低下し、女王バチの産卵も衰え、群れを維持するのが厳しくなってきます。このような場合も、P.94で解説するような対処方法を知っておけばある程度被害を防ぐことが可能です。

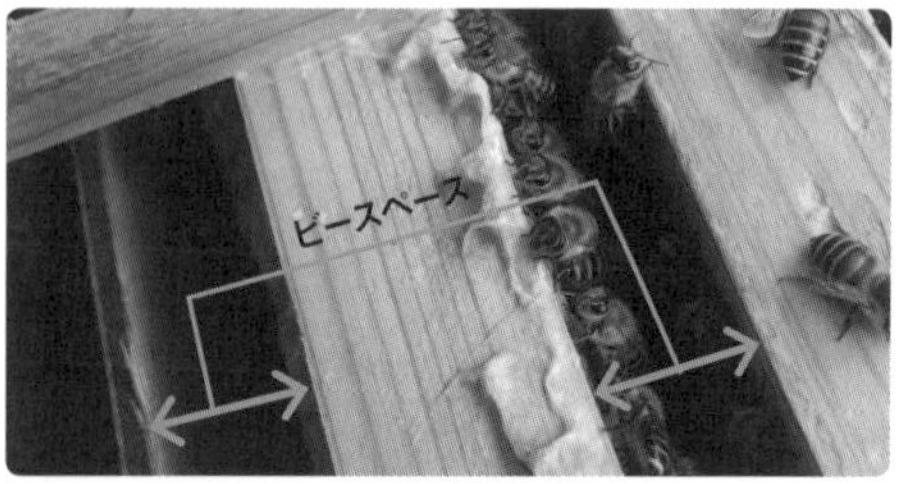

ニホンミツバチは強い日差しを好まないので、このように日陰をつくってあげることも大切。

巣箱のすき間をビースペースというが、ニホンミツバチは2.8～3.5㎝、セイヨウミツバチは3.5～3.8㎝がよい距離間とされる。木枠が太いと、上から見た間隔が正確ではなくなるので注意したい

chapter 3

ミツバチの飼い方

ニホンミツバチとセイヨウミツバチは、どちらも飼い方に特徴があり、おもしろみも異なります。それぞれミツバチを飼うと決めたとき、どんな準備をすればよいのでしょう。その上で、ここではミツバチを飼うメリット、そろえるべき養蜂具や飼うために必要な届け出などを紹介していきます。

ミツバチ飼育のメリット

ミツバチを飼うことのメリットは、はちみつが得られるだけではありません。ミツバチを通して環境問題を考えるようになったり、ミツバチたちから学ぶことが想像以上にあることに気づかされます。

1 はちみつや蜜蝋（みつろう）が得られる。

　ミツバチを飼い、採蜜するというのは養蜂する人にとって醍醐味のひとつです。自分が守っているミツバチが一生懸命に働いて得たはちみつは、購入するはちみつよりもありがたみを感じることでしょう。料理に使うのはもちろんのこと、はちみつには鎮静作用や疲労回復効果などがあるといわれ、蜜蝋はハンドクリームやキャンドルなどに加工してもよいでしょう。

はちみつは民間療法のひとつとして、薬代わりも使われてきたほど滋養性が高い。ミツバチの働きがはちみつにぎっしり詰まっている

2 環境問題に詳しくなる。

　ミツバチを飼い始めると、「どんな花なら蜜が多くて喜ぶかな」といつも考えるようになり、近所の街路樹を見ては蜜源植物かを調べたりするようになることも。そして、自分の身近な自然について考えるうちに、ミツバチを取り囲む環境問題や農薬問題、街づくりや地域の活性化などについても詳しくなっていたりします。

都会でも街路樹に蜜源があることも。サクラのはちみつは、上品でとてもおいしい！

3

作物がよく育つ。

ミツバチなくしてカボチャ、イチゴなど、農作物の多くは育つことができません。ミツバチは花の蜜を集めるだけでなく、毎日の食事に欠かせない多くの果物や野菜を実らせるための授粉も行っています。これをポリネーションといいます。とくにリンゴ農家やイチゴ農家の人たちは、お金を出してまで養蜂業者からミツバチを買い取ったりレンタルをしたりしています。自家菜園などを始めようとしている人にとって、ミツバチたちは強い味方になるでしょう。

大切！

カボチャとズッキーニ畑。農作物を育てるのにミツバチの存在は欠かすことができないのだ

4

ミツバチの一生懸命さに癒される。

ミツバチを観察していると、その健気さや一生懸命さに感心させられます。天気のよい日は巣箱から元気よく飛び出し、一生懸命に花蜜を吸う。その様子は嬉々としていて、こちらまでうれしくなってしまいます。巣箱に戻ってくるときは両方の後肢に花粉だんごを付けてくるものもあり、かわいらしさがいっぱい。群れを守るために生きているので、自分を犠牲にすることも多いのです。天敵と戦うときはそれこそ命がけ。それでも群れを維持するために全身全霊をかける姿は、日本人の精神性にも通ずるものがあります。

口から出したはちみつで花粉を練り、後肢にある花粉かごへと移動させる。かわいらしい！

服装と道具を用意する

ここではミツバチ飼育に必須の服装と道具を紹介します。服装は黒い服装は避け、白い服装にしましょう。道具はミツバチの成長に伴い必要になってくるアイテムもあります。必要に応じて買い足すのもよいでしょう。

万一に備えて保護服を着ましょう

スズメバチと異なり、ミツバチは攻撃力が低いので、保護服を着用せずに養蜂作業をする人もいます。しかし寒い日や、蜜が少ない時期などは、ミツバチでも危機感から荒っぽくなります。そんなときは刺されやすくなるので必ず着用しましょう。

万一、養蜂場に行ったときに面布を忘れてしまったら、白いタオルで鼻と口を覆い、顔の後ろでしばり、頭の上から別のタオルを巻いて首元でしばると、簡易的な面布になります。また白いタオルを頭にかぶせてから帽子をかぶるとズレないのでストレスなく作業でき、覚えておくと便利かもしれません。面布は顔や頭を保護するだけでなく、分封群（P.77参照）を捕まえるときに役立つ養蜂具にもなります。

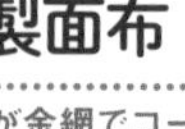

特製面布

表面が金網でコーティングされているので、顔に布がまとわりつかず安全に作業ができる

面布

頭や顔を守る。帽子が最初から付いているものや、面布に金網のフレームが付いているタイプもある。価格は1500円前後

保護服

軽量で通気性のよい保護服は、1000円前後で購入できる。藤原養蜂場でも1100円で販売中。週1～2回の作業で半年程度の消耗品だ

長靴

足元が汚れてもいいように長靴を履きたい。山の中だと毒ヘビ、毒虫対策のためにも、肌を露出させないように心がけたい。白い長靴がベスト。価格は4000円前後

ミツバチの住処になる巣箱を用意しよう

一般的なのは、「ラングストロス式」と呼ばれる可動式の巣枠を複数枚差し込んで立てかける、比較的大型の枠式巣箱。セイヨウミツバチは採蜜能力が高いのでこの巣枠が適していますが、ニホンミツバチは小型なので、コンパクトな縦型重箱式の巣箱をおすすめします。私としては可動式巣枠入りの巣箱が現状のミツバチに合っていると思います。採蜜の際に必要な蜜刀や蜜濾し器、山で飼う場合は電気柵なども必要です。養蜂場や一部通信販売で購入できます。

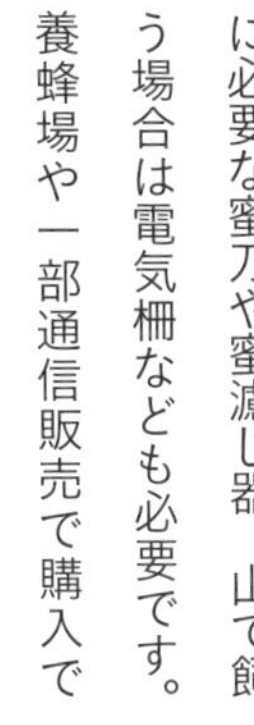

巣箱
セイヨウミツバチとニホンミツバチのどちらを飼うかで選択肢は異なる。選び方の詳細はP.52参照（1万円前後）

採蜜

蜜濾し器
採蜜するときに、おぼれているミツバチやゴミも混入することがあるので、網目が細かいものを選びたい（5000円前後）

遠心分離器
巣箱からはちみつのたまった巣脾枠を取り出してセットし、ハンドルを回すと、はちみつが外側に飛び出す

蜂ブラシ
柔らかい馬毛でできているものが多い。巣箱の蓋をするときやミツバチに避けてもらうときにやさしく払いのけながら使用する（1000円前後）

ビングハム式蜜刀
採蜜の際に蜜蓋をカットするときに使う。しっかり研いだうえで温めると、切れ味がアップする（約6000円前後）

給餌

木製給餌器
盗蜜を誘発させず大量の給餌ができる。写真は藤原養蜂場で販売中の、ニホンミツバチ用縦型木製給餌器（すべり止め、足場付き）（2140円）

巣門用給餌器
先端を巣門に入れて給餌をするため、ミツバチにストレスがない。どれぐらい減ったかが外から分かりやすいのも魅力（1500円）

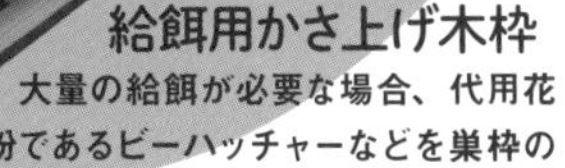

給餌用かさ上げ木枠
大量の給餌が必要な場合、代用花粉であるビーハッチャーなどを巣枠の上に置く空間をつくる枠（666円）

管理

ニホンミツバチ用巣枠＆ラングストロス式巣箱
ニホンミツバチ用の巣枠は、従来「現代式縦型巣箱」に収めるが、左右に分割板と木製給餌器を設置することで「ラングストロス式巣箱」にも対応している

ハイブツール＆燻煙器
巣箱を開けるときのテコ代わりやゴミの処理に必要なハイブツール（2000円前後）と、ミツバチを煙でおとなしくさせるための燻煙器（4000円前後）

ミツバチを飼うまでの流れ

巣箱を準備しても、すぐには飼えません。学術研究などのために密閉された構造の設備で飼育している場合やポリネーションのための飼育以外は、国への届け出が必要です

1 届け出をする

ミツバチを飼育する場合は、養蜂振興法第3条1項によって飼育する蜂群の数（巣箱の数）や場所、飼育期間を記入した「蜜蜂飼育届出書」を、居住地の都道府県知事に提出する必要があります。その後も毎年、1月1日現在の飼育状況を「年間飼育届書」に記入して提出する必要があります。巣箱を用意し、給餌したりして自ら飼育する場合は報告の義務がありますが、自然にできた巣にいる野生のミツバチを観察したり、はちみつなどを採ったりする場合は飼育に含まれず、届け出の必要はありません。

飼い方について不安のある場合は農林水産省のホームページを見るか、電話をするとていねいに教えてくれます。

問農林水産省
生産局畜産部畜産振興課
☎03-3501-3777

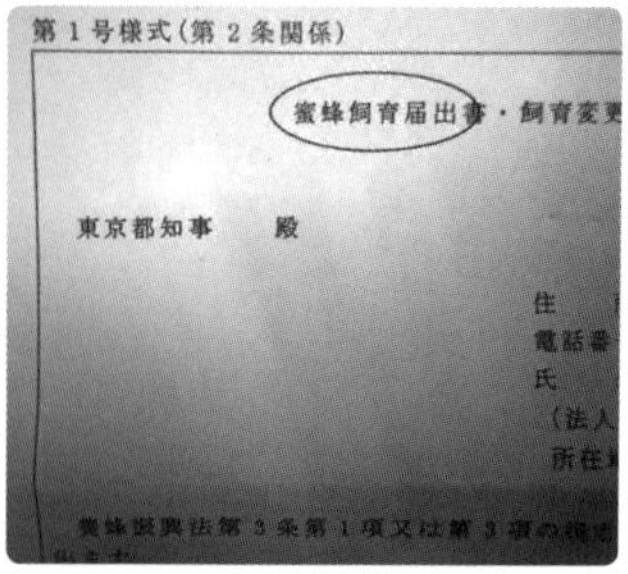

申請後すぐにミツバチを入手した場合も、速やかに担当課を尋ねること

飼育者が多い地域では蜜源植物を植えておこう

ミツバチ飼育の届け出をすると、役所から飼育場所の近くですでにミツバチ飼育をしている人がいないかを教えてくれます。半径4～5kmほどお互いの巣箱の距離が離れていればミツバチたちに影響はありませんが、2km圏内の場合は許可することもありますが、蜜源の奪い合いや病気が伝染する可能性が高いので、給餌や新たに蜜源植物を植えるなど、工夫をしましょう。

ミツバチにとって蜜源植物が多いに越したことはない

2 ミツバチを購入する

ミツバチを入手するにもいくつかの方法があります。初心者にお勧めしたいのは、養蜂業者から購入する方法です。ほとんどの養蜂業者が販売しているのはセイヨウミツバチですが、血統や品種名で呼ばれることが多い「交配バチ」「ゴールデンバチ」という名前でも販売していま す。初心者にお薦めしたいのは、交配してできた交配バチで、いわば雑種。群れの一部に何が起きても全滅しにくいためです。販売価格は巣箱とミツバチのセットで5万円位〜で、相場は年々変動します。

ほかに、ミツバチを飼っている人から譲り受ける方法もあります。春の分封時期などに、分けてもらえることが多く、その場合は昔から、お金とは限らずお酒二升などをお礼として渡すことも地域によっては多いといいます。

ニホンミツバチを飼いたい人は、養蜂を始めた人が多数在籍する養蜂団体に入ることをお勧めします。日本養蜂協会や、日本在来種みつばちの会のほか、各都道府県に養蜂組合が存在しています。横のつながりを増やしておくと情報交換ができ、何かトラブルがあった場合なども対処しやすいです。また、インターネットを活用している人は「京都ニホンミツバチ週末養蜂の会」のホームページもチェックしてみましょう。ミツバチにまつわるコミュニティで、今、問題になっている病気や養蜂についての悩みなどを相談できる場になっているようです。

ミツバチを購入できる店

セイヨウミツバチ購入

アピ株式会社
住所：岐阜県岐阜市加納桜田町 1-1
TEL：058-271-3838 (8:30 〜 17:30)　FAX：058-275-0855
休日：土曜、日曜、祝日
http://www.api3838.co.jp/

熊谷養蜂場
住所：埼玉県深谷市武蔵野 2279-1
TEL：048-584-1183 (9:00 〜 17:00)　FAX：048-584-1731
休日：日曜、祝日
http://www.kumagayayoho.co.jp/

渡辺養蜂場
住所：岐阜県岐阜市加納鉄砲町2-43
TEL：0120-834-841 (9:00 〜 17:30)　FAX：058-274-6806
休日：土曜、日曜、祝日
http://watanabe38.com/
info@watanabe38.com

ニホンミツバチ購入

藤原養蜂場
住所：岩手県盛岡市若園町 3-10
TEL：019-624-3001 (9:00 〜 17:00)　FAX：019-624-3118
休日：月曜、年末年始
http://www.fujiwara-yoho.co.jp/
fujiwarayohojo@fujiwara-yoho.co.jp

徳永養蜂場
住所：愛媛県喜多郡内子町南山 1294
TEL：0892-52-2383　FAX：0892-52-2386
http://www.ikazaki.ne.jp/~toku/
toku@ikazaki.ne.jp

ミツバチの体と巣の仕組み

最長でも半年ほどの寿命の働きバチは、生まれてから生涯を終えるまで仕事の役割が少しずつ異なってゆきます。また蜂群の生活を支える働きバチの体のメカニズムは、実に興味深いものがあります。

優れた体の構造を持つミツバチ

下咽頭腺【かいんとうせん】
花蜜に含まれるショ糖を果糖とブドウ糖に分解する酵素を出す腺

大あご腺【おおあごせん】
ローヤルゼリーの主成分となる特殊な脂肪酸を分泌する腺

口吻【こうふん】
柔らかな毛が束になり、舌の役割をもつ。花蜜を吸い、咀嚼し、蜜のやりとりも行う

花粉かご【かふんかご】
集めてきた花粉を体から出した蜜と混ぜてだんご状にしてためる場所

蜜胃【みつい】
吸った花蜜をため込む場所。蜜胃にたまった蜜を吐き出し、育児をしたり、蜜蝋を出して巣づくりする

毒のう

毒針

蝋腺【ろうせん】
巣づくりのための蜜蝋を分泌する場所。はちみつ 10g に対して1g の蜜蝋がつくられる

群れの中心となるのはメスの働きバチで、6角形の巣房から生まれる。雄バチは外側にある丸い大きめな巣房から生まれる

体の仕組み

働きバチは花蜜や花粉を効率的に集める体の構造をしています。蜜胃という部分にためた花蜜は、飛行する時のエネルギーとしても使われ、距離によって蜜の量や濃度をコントロールしています。ミツバチの左右の後肢に付着した花粉は、飛行しながらはちみつと混ぜてだんご状にし、花粉かごに載せて持ち帰ります。

栄養補助食品として馴染みがあるローヤルゼリーも、ミツバチがつくり出しています。ローヤルゼリーは女王バチが幼虫のころから死ぬまでずっと食べ続けている食料で、孵化してから3日目間までの若い働きバチが花粉やはちみつを体内で分解し、合成したクリーム状のものです。こんな栄養素をミツバチは人間よりもはるか昔から探り当てているというのは驚きですね。

巣の仕組み

巣房の集合体である巣脾は働きバチの体から出る蜜蝋でつくられています。何枚もの板状に並ぶ巣脾には、はちみつの層、食料となる花粉の層、卵やサナギ、幼虫がいる育児の層、空の層が順不同に並んでいます。

ミツバチは新しい住処に移住すると、ほどなく上から下に巣脾を伸ばしていきます。蜜蝋ははちみつから作られるので、巣をつくるためには花蜜も採りにいかなくてはいけません。

毎日3～4㎝のスピードで巣脾をつくり、一週間もすると大きな巣脾が4～5枚に増えます。女王バチは巣脾の中心から産卵を開始し、巣が伸びる方向へ次々と卵を産みます。働きバチも一生懸命巣をつくり、育児をして群れを維持、拡大させます。

巣箱の中

スリット(のぞき穴)

巣は下へ伸びる

蜜の層

花粉の層

育児の層

卵を産む女王蜂（拡大の図）

王台

卵は20日ほどで羽化します。巣脾の上から羽化していくので、空になった巣房は花粉や蜜をためたり、新たに産卵したりする場所に変わります。巣内で仕事をする働きバチが下にある蜜を吸い、下の巣房に吐き出すたびに酵素も加えられ、水分が蒸発し、糖度を上げていきます。花蜜は一定の糖度になると、上層部に持ち上げられて蜜蓋がされます。この前後がちょうどおいしいはちみつです。このはちみつを私たちがいただいているわけですが、ミツバチにとってはちみつは体を動かすエネルギー源であり、蜜源が不足した時に食べる保存食でもあります。このはちみつを人間が取りすぎてしまうと、ミツバチは生活持続の意欲が失せてしまい、逃去の原因になることもあるので、ミツバチの様子を観察しながらほどほどにはちみつを分けてもらう、という姿勢が大切です。

実際の巣箱の中の様子。ミツバチが巣脾に群がり、育児や巣内の掃除、はちみつの糖度を上げる作業など、それぞれの役割を果たしている

上部分の巣房に蓋がされたら、糖度が十分である証拠。通常はその下に糖度が十分でないはちみつや花粉、サナギ、幼虫、卵という順番になっている

コラム1

ニホンミツバチとセイヨウミツバチは同じ場所で飼えるのか?

ニホンミツバチとセイヨウミツバチ。見た目はどちらもあまり差があるようには見えませんが、性質はまるで異なります。南アジアの多湿な環境に順応して進化し、比較的穏やかで保守的、神経質なのがニホンミツバチ。対して、アフリカのサバンナのような乾燥域で進化したセイヨウミツバチは、元は好戦的だったものを採蜜をするために長年かけて品種改良されていて、比較的おとなしい性質です。どちらも異なる魅力があり、飼い比べてみたいという人もいるかと思います。

実際には飼えるのですが、それなりの養蜂技術と飼育環境を整えなければならず、一年を通すとリスクが生じる可能性もあるのです。

たとえば春~初夏に2~3回の分封が起きると、初夏以降は、蜜が少ないときや猛暑時に糖液給餌を怠ったとき、盗蜜が起きてしまいます。集団で1カ所に集中して採蜜する性質のセイヨウミツバチは、ニホンミツバチが無抵抗なうちにはちみつを奪い、時に女王バチを殺し、群れを崩壊させる可能性があります。ニホンミツバチはセイヨウミツバチに対しては門番チェックが甘いようで、仲間だと錯覚してしまう傾向があるようです。

両種を同じ場所で飼うためには、細かく気を使って飼育することが大切です。ハチノスツヅリガの温床になるクズ巣の放置や無消毒のままでの両種の巣枠の入れ替えは病気の原因になるのでしないでください。ニホンミツバチが病気になったら無策で放置しないことも大切です。群れの勢いが弱まると、セイヨウミツバチの格好の標的になったり、ほかの群に伝染してしまうので、これらを防ぐために両種それぞれに味や香りの異なる糖液給餌を200~500㏄ずつ蜜枯れ期全般を通して時々与え続けましょう。

それでも盗蜜ぐせがついてしまっている群れは、被害にあう群れを1カ月以上、2㎞離して巣箱ごと移住させないと収まりません。そして移住後のもとの巣箱位置に新たな巣箱を置き、少なめのはちみつがたまっている巣枠を1枚だけ入れて、盗蜜に来ている蜂たちに全部の蜜を吸い終わったと錯覚させることが重要です。その際に、ほかのニホンミツバチの巣箱は盗蜜行動が収まる3~4日間以上は巣門の幅を3~4㎝にし、空気が行き来できる程度に狭くしてセイヨウミツバチの侵入を防ぎます。このようにコツをつかんでからの同時飼育をおすすめします。

chapter 3 ミツバチの飼い方

蜂に刺されたときの対処法

蜂を扱ううえで知っておきたいのは、「刺されたらどうするの?」ということ。ここでは実際に刺されたときの対処法を紹介します。でもミツバチは基本的には好戦的ではありません。

ミツバチはめったに人を刺しません

日本人の多くはミツバチもスズメバチも同じだと考えているようです。たとえば街中などで分封群が発見されると、駆除の対象になることがほとんどですが、実際はミツバチの背中をなでたり、指に乗せたりしても刺されることはありません。

もっと多くの人がミツバチに関心をもち、あらかじめ知識を得て、普段から自然に親しんでいれば、危険が少ないということがわかるでしょうし、そうすればミツバチにとっても私たちにとっても、いい環境が築けるはずです。

そんなミツバチでも、自分たちの群れに危険が差し迫っているときには刺します。万一ミツバチに刺されても我慢できない痛みではありませんし、治りも早いといわれますがまれにアナフィラキシーショックを起こす人もいます。呼吸困難、のどの締め付け感、動悸や息切れなどが起こったときは、大至急病院でアドレナリンを注射してもらうと安心です。針はできるだけ早急に抜きましょう。

こうして素手で持ってもミツバチは刺さないが、寒い時期に巣の近くで暴れたりすると警戒される

THE EXTRACTOR

ポイズンリムーバー／蜂に刺されたときに毒を素早く抜く。スズメバチに刺されたときのために持っておくといい。3,600円（税別）問）アピ株式会社 TEL.058-271-3838

スズメバチに刺されたら激痛!?

刺された瞬間を「焼け火箸を当てられたような痛み」や「鈍器で強く殴られた感じ」と表現する人が多いスズメバチ。毒を吸い出したあと、ドクダミやヨモギをこすりつける民間療法を伝える養蜂家も多いですが、刺されたらすぐに病院へ行きましょう。

ミツバチと違い、何度も毒針で刺すことができる。刺されたときの痛みは強烈だ

人工王台のつくり方

寿命が近くなると産卵能力が低下してしまう女王バチ。自然王台ができるのを待っているだけでは、突発的なアクシデントなどで、女王不在という緊急事態も起こりえます。群れを適切に維持するために、人工王台をつくってみましょう。

女王バチを育てる王台を人工的につくる

人工王台のつくり方は「王台キャップ」を用いる方法が最も一般的です。

王台キャップとは、鉛筆のキャップの先端のような凹形をしたプラスチックです。まず、あらかじめ王台キャップの底に、ローヤルゼリーをごく微量塗布しておき、孵化3日までの働きバチの幼虫を移虫針ですくい上げ、王台キャップに移します。このとき、幼虫が傷つかないよう、ていねいに差し込むようにしましょう。

次に木枠を用意し、木枠の中央に細い棒を1本渡したら、棒の下側に接着剤代わりの蜜蝋を溶着させ、固まる前に王台キャップを押し付けます（写真参照）。育児は巣内の中央部で行われやすいので、比較的中央部分に王台キャップを並べましょう。王台キャップの数は、1万匹の群れの場合は、10～20個が目安です。これを巣箱に入れると、働きバチが10～13日以内に女王バチに育ててくれるようになります。女王を育てるためには、多くのローヤルゼリーが必要になるので、こまめに給餌をして、負担を減らしましょう。新女王が生まれるまで古い女王バチは、忠誠心の高いセイヨウミツバチなら働きバチも一緒に入れ、女王バチを囲う「王かご」に、警戒心が強いニホンミツバチなら接触面積が少ない「未交尾かご」に入れて隔離し、働きバチに食料を与えつづけてもらいます。これは新女王候補が誕生し、産卵を開始するまでの保険です。

女王バチの産卵能力が衰えてくると働きバチは自然に王台をつくり始める。これを自然王台と呼ぶ

王台養成枠（1個400円程度）を利用する方法も。王台キャップは別売り100個1,000円～

両端が違う形状になっていて細長いので使いやすい移虫針。ドイツ製。2,100円

問）アピ株式会社 ☎ 058-271-3838

コラム2

皇居のほとりから始まり全国的に広がりつつある屋上養蜂

都心に蜜源なんてあるのか？と思われがちですが、実は皇居の近くや、赤坂迎賓館前の周りには、多くの蜜源が存在します。私は皇居を通りかかったとき、世界的に優秀な蜜源である「ユリノキ」が数え切れないほどお堀を囲むように植林されていたのを見ました。またほとんど農薬散布も行われていなかったため、都内での屋上養蜂の成功を確信したのです。

私は屋上のあるビルを借り、都心養蜂を15年前にスタートさせました。すると、町おこしならぬビルおこしをやってみたいという人物がその話を聞きつけ、手ほどきした結果ほどなく中央区銀座のビルの屋上で養蜂を行う「銀座ミツバチプロジェクト」をスタートさせました。この試みは、驚きとともに何度も世界中のマスコミに紹介されました。

このことをきっかけに、都市の緑化のひとつのアイテムとしてミツバチ飼育ができないかという問い合わせが全国の企業から殺到しました。銀座ミツバチプロジェクトは大きな社会現象となり、素材にこだわる「銀座文明堂」が銀座で採れたはちみつを使用したカステラを提案したりしています。

紙パルプ会館の屋上で行われている養蜂。現在はこの建物でミツバチやはちみつに関するイベントが頻繁に行われている。イベント時は屋上養蜂を見学することも可能　左／銀座のはちみつを使ったスイーツは、お土産としても喜ばれる。銀座で採れたはちみつという贅沢感がある
　右／はちみつカクテルも遊び心ある人気の飲み物だ

巣箱の種類と選び方

ミツバチの巣箱の選択基準は、現在の養蜂では合理的に飼う人工巣か、粗放的に飼う自然巣かで違いが出ます。総合的な管理のしやすさでいえば人工巣ですが、自然巣ならではの楽しみもあります。

人工巣

ミツバチの飼育をコントロールしやすいのが、巣枠にあらかじめ巣房を築いてある人工巣タイプです。手荒い採蜜作業にも耐えるし、ミツバチの様子も簡単に観察できます。人工的に王台もつくりやすいです。

ラングストロス式巣箱

世界中で一番普及している巣箱で多くの養蜂家が使っている。採蜜能力が高いセイヨウミツバチ用に開発されているため、大きくて巣枠の枚数も多い

メリット 巣枠が多く採蜜量が多い

デメリット 重量があり移動しづらい

巣箱の中

横長の巣枠が9～10枚入れられるようになっている。蜜が入ると1枚あたり2～3kgほどの重さになる

現代式縦型巣箱

ニホンミツバチ用に私が開発した巣箱。ラングストロス式よりもコンパクトで、巣枠式を生かした継箱式。巣枠間隔も、ニホンミツバチに適したサイズになっている。スムシ対策も施されている

メリット ラングストロスの半分程のサイズでニホンミツバチの飼育に最適

デメリット ラングストロスの巣箱に比べると1回の採蜜量は劣る

巣箱の中

巣枠は1段7枚入る。独自に開発したプラスチックの巣枠は頑丈で、蜜蝋が塗ってあるタイプもあり

自然のニホンミツバチはそっと見守ろう

野生のニホンミツバチが好んで営巣するのは、大木があり日陰があるようなところ。敷地の持ち主が許すのであれば、注意書きの立て札を用意し、2m ほどのロープで囲い、地域の人が見守れるような景観づくりができたら最高ですね。

それぞれ工夫されたユニークな巣箱

まるで自然巣の丸胴のような佇まいの巣箱。こちらは、巣箱の正面に杉の皮を釘で打ち付けている。形状は通常の巣箱と同じで重箱タイプ。ニホンミツバチが好んで入っていきそうだ

ワイン箱を使用してのオリジナルの巣箱。何よりデザインがよく、庭に置いておくとオシャレに見える。ミツバチはリンゴ箱などにも入ったりするので、こちらもその可能性が期待できる

自然巣

人間が住み家だけ用意し、あとはミツバチが中で自由に巣づくりできるようになっています。ミツバチ本来の巣づくりの様子を見られますが都市部での利用や総合的な管理は難しいです。

丸太巣箱

メリット 材料費がほとんどかからない

デメリット 採蜜作業に不向き

もともと木のうろを好むニホンミツバチ用につくられ、内側はくりぬかれている。上に人工的な巣箱を重ねておくと採蜜がしやすくなる

重箱式巣箱

巣枠を入れずに、ミツバチ本来の習性を生かした巣箱。上から下へと巣が伸びてゆき、上部に蜜がたまる。上部の蜜をとって空箱になったらそのまま一番下に空箱を置くようにして再使用する

メリット 巣箱を上に継ぎ足すだけなので安価に製作できる

デメリット 巣内の内見がしづらく、都市部での利用は難しい

巣箱の中

こちらはニホンミツバチの巣。巣箱にぎっしりと詰まっていてひとつの巣箱ごとに切り離して採蜜する

巣箱の最適な設置場所

巣箱を置く際にまず気をつけておきたいことは、周りの環境と、飼う群れの数などです。せっかく置き場があっても蜜源が少ないとミツバチは生きていくのが大変。チェックポイントを押さえておきましょう。

日なたと日陰、どっちがいいの？

セイヨウミツバチは日なたで乾燥した場所を好み、ニホンミツバチは一日に少しだけ日が当たる日陰を好みます。環境は1～3㎞圏内に豊富な蜜源があるか、500m圏内に水飲み場があるか、近くで農薬散布はされないかが重要です。ある種の農薬は静かに浸透し、群れをいつの間にか崩壊させます。門番のミツバチが羽を動かして風を起こし農薬から群れを守ろうとしますが、はちみつを残して全滅ということが多々起きています。

巣箱を置くときに意識したいのが角度と方角。前方にやや傾けて置くことで、巣箱に雨水が流れ込んで床に水がたまるのを防ぎ、掃除も楽になります。方角は巣門を南に向けましょう。北向きは巣箱の内部を冷やしてしまいます。巣箱の入り口前はミツバチがスムーズに出入りできるように障害物は置かず、1m以上の滑空スペースを設けましょう。外の世界から戻ってきたときには花蜜や花粉を付けて体が重くなっているミツバチの負担を減らすためや、入り口付近でスズメバチが待ち構えている場合に、障害物に戸惑っているうちに空中で捕まらないためでもあります。

巣箱の感覚が近いと自分の群れと間違えて侵入し、殺されることもある。巣箱に印を付けておくだけで状況が変わる

ミツバチは巣箱から初めて飛び出したときに高く舞い上がり、自分の群れの位置を確認する。マークをつけると記憶に役立つ

ニホンミツバチは日陰で木漏れ日や、少しだけ日差しがあるような場所を好む。私の蜂場周りはユリノキに囲まれている

人工巣とは?

ミツバチを飼うには、ミツバチが快適にいられるように心がける必要があります。巣箱内を観察することができたら、ミツバチの現状をより深く理解することができます。

人工巣の本当のメリット

趣味の養蜂家で、とくにニホンミツバチを飼っている人は、巣箱の中に巣枠を入れないで住処だけを提供して飼っている人が多いのです。それに対し、養蜂を生業としている人は間違いなく、ここで紹介する方法でミツバチを飼っています。

人工巣とは、ミツバチが一からつくり上げる自然巣ではなく、人が養蜂管理を合理的にしたり、採蜜作業をやりやすくするために、可動式木枠内に蜂が生活する巣房を配置させたものです。これまで自然巣では巣脾を出し入れすることができず、そもそも、巣内の観察ができなかった部分を改良しました。

人工巣はミツバチ、人間双方にメリットがあります。先ほどにも述べた、観察しやすいという理由のほか、採蜜量も増えるのです。これは、ミツバチが巣をつくる労力と材料が不要になり、花蜜や花粉を取りに行くことに集中できるからです。少し前まではニホンミツバチは養蜂に向かないとされていましたが、私がつくった現代式縦型巣箱ではそれが可能になり、採蜜量もアップします。自然巣で飼われることが多かったニホンミツバチは年に1回、巣を破壊しながらの採蜜が主でしたが、この巣箱のおかげでセイヨウミツバチに近い程度の花別採蜜も可能になっています。〝ニホンミツバチのアカシアのはちみつ〟なんていうことも可能なのです。

持ち運ぶときは巣枠がガタガタしないように少しの傾斜をつけると安定する。ミツバチを驚かさないようにすることが大切

プラスチックの巣枠内に6角形の立体的な巣房が最初から付いている人口巣タイプも。1枚2,389円

人工巣礎付き巣枠は耐久性抜群。あらかじめ蜜蝋が塗られており、ミツバチも自分の巣だと思って馴染む

コラム3

カーボネート製の巣礎枠と人工巣脾枠をおすすめしたい4つの理由

カーボネート製の巣礎枠は強度があり何度も使用することができる。ヘギイタダニ駆除用の雄バチ専用の巣枠もある

×

巣箱をあけて巣枠を出し入れできるので、群れの管理がしやすいのが特徴だ

現在は、木製の巣枠が一般的だが、実は巣箱内にカーボネート製の巣礎枠と人工巣脾枠を使うことで、木枠と蜜蝋製巣礎よりも蜂群観察が楽になり、ミツバチの巣づくりの負担も減る。初心者はこのタイプから始めよう。スムシ対策や、ミツバチの負担を軽減するような数々の工夫が施されている。

その1 遠心分離器に強い

セイヨウミツバチは樹脂とみずからの唾液でプロポリスをつくり出す力があり、そのプロポリスによって巣脾を頑丈にしますが、ニホンミツバチはプロポリスをつくり出す性質がありません。そのため、蜜蝋製巣礎からつくったニホンミツバチの新しい巣脾枠を遠心分離器にかけると、ほぼ破壊されてしまい、ミツバチたちが新たに巣脾をつくらねばならず、大きな負担となってしまいます。カーボネート製の巣枠であれば、遠心分離器にかけても壊れないので、ミツバチたちの負担を軽減してくれます。

その2 熱に強い

藤原養蜂場で採用している巣枠はポリカーボネート(ABS) というプラスチック素材(特許取得済み)。プラスチックの中でも最高ランクの強度をもち、熱と寒さにも強いのが特徴です。たとえばこれらの巣礎を、熱湯にくぐらせたり家庭用乾燥サウナのような場所に 60°C位で一日中置いたとしても熱による歪みはなく、繰り返し使えます。巣房内で結晶化したはちみつの処理が非常に簡単になります。

その3 何かあってもすぐにリセットできる

たとえば、望まない王台や雄バチの巣房がたくさんできてしまった場合、ツールでその部分だけそぎ落としたり、熱湯をかけたりしてすぐに対処することができます。スムシの食害を受けると、蜜蝋製の巣礎は使い物にならなくなってしまいますが、カーボネートの場合はアルコール消毒や熱湯消毒すれば、すぐに再利用可能です。

その4 歪みに強い

蜜蝋製の巣礎は高温で歪みやすく、巣礎の歪んだ状態のままミツバチの分封群が巣箱に入ってしまった場合、その歪みに合わせて巣房をつくってしまいます。木の巣枠の場合、湿気や水分を吸ってしまい、膨張して歪みが発生しやすくなります。しかし、これでは可動式巣枠のメリットが損なわれてしまいます。カーボネート製の巣礎枠と人工巣脾枠の場合は、圧力や熱に強く、歪みにくいので、半永久的に使えます。

蜜蝋製の巣礎のよさは?

優れモノ

蜜蝋製の巣礎のよさは、カーボネート製よりも自然分封群が巣に入りやすい点です。ミツバチにとってプラスチック製は始めのうちだけですが、普段とは異質なにおいが気になるのか、どちらかといえば蜜蝋製の巣礎を選ぶことが多いです。はちみつを採るときに、蜜蝋も一緒に採れますので、巣箱や巣枠に塗る分として、冷凍、または冷蔵で保存しておくとよいでしょう。可動式巣枠に蜜蝋を塗る場合はそれぞれの蝋を使うほうが馴染みが早いので、セイヨウミツバチを飼うのであればセイヨウミツバチの蜜蝋を塗り、ニホンミツバチの場合はニホンミツバチの蜜蝋を用意しましょう。

藤原養蜂場で販売しているニホンミツバチ蜜蝋製100%の巣礎。自然巣に一番近いので分封群を寄せ付けやすいのが特徴。ただし、熱や歪みなどに対する強度は、カーボネート製と比べて劣る

蜂群を観察する

ミツバチの行動や巣の状態変化には必ず意味があります。その意味を知ると、ミツバチの気持ちがわかるようになり、何を必要としているかや、どうしたほうがよりよいかなどが見えてきます。

働きバチの花粉量

ニホンミツバチは晴天時は6～8℃ほどでも飛び出すことがあります。セイヨウミツバチは10℃以上にならないと出ていきません。気温が上がり、ミツバチたちが花粉だんごを後肢につけて帰ってくるのは春先の癒しであり、群れが安定していることの表れです。女王バチが巣の中にいて、幼虫もきちんと育てていることを示しています。逆に花粉を運んでこなかったり雄バチが時期外れにいた場合は、女王バチがいない「無王群」の可能性が高いです

花粉だんごを付けているミツバチが多い群は、女王バチがたくさん卵を産み、働きバチも一生懸命子育てをしているということだ

見逃すな！

巣蓋の数

巣箱の前に丸い巣蓋がいくつか捨てられていたら分封が近いサイン。この巣蓋が見られるということは、巣の中で雄バチが誕生しているということになります。

雄バチが多く生まれてくるのは関東圏でだいたい4～6月。ほかの群れの女王バチと交尾をするためにハネムーン旅行へと飛び立つのです。分封させたくない場合は、このサインが出てきたら対処をする必要があります（P.66 参照）。

蜜蓋は巣箱の下に落ちたものを働きバチが巣の外に運んでくるのですぐにわかる

王台ができる

穴のあいた落花生のようなものが王台と呼ばれるもので、この中に産み付けられた卵が女王バチに育つ

分封時期が近づくと若い働きバチは次の女王バチを迎える準備として「王台」をつくります。ここに女王バチが卵を産み付け、新女王になります。分封により1群は2～3群に分かれますが、王台の数はもっと多めにできます。より強い女王をつくるため競わせたりしているのです。

シマリング

シマリングとはニホンミツバチ特有の行動で、群がまるで一頭の生き物のようにいっせいに羽を動かし、「シュワッ」というような音を発します。一瞬で群全体に広がっていくような音で、ヘビの威嚇音を真似ていると報告している学者もいます。シマリングが起こるときは、群れが警戒態勢に入っている証拠。人間が巣箱の前を通った足音に反応したり、巣箱に軽くぶつかったりした場合もシマリングが起こることがあります。セイヨウミツバチはそのような動きは見られません。

右下に写っているのがスズメバチ。ニホンミツバチは、巣穴からゾロゾロ出てきて一気に飛びかかり、群れで攻撃することもある

落ち着き具合

女王バチを見つけたら王カゴに入れて確保し、巣箱の中に入れる。するとミツバチは女王のフェロモンを感じ、安心して落ち着く

巣箱から巣枠を出しても動かないなど、ミツバチが落ち着いているときは群れが安定しています。ところが、女王バチが殺されたり、不在になったりすると、ミツバチは不安感からザワつき、とても神経質になり、人に対しても攻撃的になります。また、逃去群と分封群の見た目はとても似ていますが、逃去群は何らかの理由で巣箱から出ていったり、無王状態のことも少なくありません。その場合はあまり落ち着きがなく攻撃的になっているので、数日中に2ℓ以上糖液給餌をして、気をつけて接してください。

働きバチの動きと巣箱の蓋

冬には働きバチは互いに体を寄せ合い、可能な限り体温を逃さないように丸くなってジッとしています。また、巣箱の蓋の裏から、群れの状態がわかることもあります。巣箱いっぱいにはちみつがたまったり、幼虫が育成された場合は蓋の裏いっぱいに若い働きバチが付きます。これも分封のサインのひとつです。

蓋の裏にミツバチが付いていたら、巣箱の中がミツバチでいっぱいの状態ということ。分封時には写真の３倍以上のミツバチが付く

動きが静かでじっと温かくなるのを待っている。こういう時は巣箱内の隙間を減らし、新聞紙をかけて保温するのもよい

巣箱の買い方とつくり方

ミツバチ飼育に欠かせない巣箱ですが、初心者はまず一式のセットを購入することをお勧めします。飼育のコツがつかめてきたら、自分で巣箱をつくってみましょう。

コンパクトなので初心者でも扱いやすい

ミツバチの巣箱は、ミツバチを飼っている人が多数加入している各種養蜂協会や、近隣の養蜂家、全国の養蜂家が運営する通販サイトなどで購入することができます。初心者の方は、まずは養蜂協会に入会し、ミツバチに関する情報を集めながら、巣箱一式セットを購入することをお勧めします。会員価格で、通常より安く購入できることもあります。

初心者におすすめ！

ニホンミツバチ用縦型巣箱Aセット
3万1800円

耐熱・耐衝撃性に優れた初心者でも扱いやすく、ラングストロス式よりもコンパクトで蜜がたっぷり入っても力の弱い女性でも持ち上げられる。管理しやすく計画的に増群でき、各種オプションも取りそろえている。

問）藤原養蜂場　☎019-624-3001

縦型巣箱Ａセット内容

- ●縦型巣箱（巣枠７枚入り）…2
- ●縦型巣箱（下段／クロス棒タイプ）…1
- ●風除け兼運搬用合織ロープ…1
- ●天井蓋（三枚板）…1
- ●雨除け用ポリカ波板…1
- ●保湿用発泡スチロール…1個
- ●巣底用敷石水浸透コンクリート板…1

ラングストロスタイプ
7枚入用巣箱（中）
7,900円

ラングストロスタイプ
7枚入用継ぎ箱（中）
5,450円

著者・藤原誠太氏おすすめの「買える巣箱3選」

ここで紹介する巣箱は、ミツバチにもミツバチを飼育する人も快適に作業ができるよう、サイズをひとまわり小さくしたり、蜜の重さで壊れないよう頑丈にしたり、飼育環境に合わせてさまざまな工夫をしています。

「初心者～上級者向け」
巣礎を使わずコンパクト！

「か式」巣箱セット
価格：1万8000円

ニホンミツバチ、セイヨウミツバチどちらにも対応した、内径19.1㎝のコンパクトな巣枠式。庭先で飼いたい人におすすめ。

問）神洲八味屋
☎0266-58-6337

「養蜂をしてみたい女性向け」
従来よりも運びやすい！

女性用縦型巣箱
価格：要問い合わせ

JRA（日本中央競馬会）が協賛した、女性向け養蜂具の研究事業の一貫で開発された縦型巣箱。写真はニホンミツバチ用。セイヨウミツバチ用もある。

問）トウヨウミツバチ協会
☎03-6277-8000

「巣箱を定地・転地する方向け」
長距離の転地に最適！

全面金網巣箱
価格：1万500円

ミツバチの換気を考慮した、長距離転地用に最適な巣箱。蓋に通気口があるので、中にこもった熱を逃がすことができる。

問）秋田屋本店
☎058-272-1311

つくる

必要な道具

電動ドリルドライバー

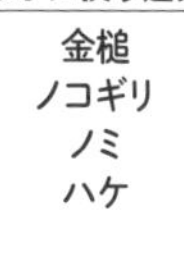
差し金

ほかに使う道具
金槌
ノコギリ
ノミ
ハケ

必要な材料

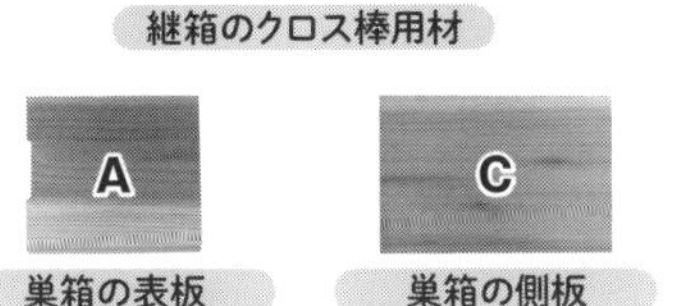
継箱のクロス棒用材

巣箱の表板 A
巣箱の側板 C

天井板

ほかに使う材料
墨汁
木工ボンド

継ぎ箱の表板 B
継ぎ箱の側板 D
E

底板

巣枠受け
巣枠
ビス

【組み立て図】

10cm
1.5cm
1cm
同じものを7枚取り付ける
C'
A'
A
C
上段と中段は同じボックスを重ねている
0.7cm
24cm
8.5cm
2.75cm
12.25cm
2cm
6箇所取り付け
E
B'
14cm
B
D
35cm
※板の厚さは2.75cm
30cm
D'

現代式縦型巣箱をつくるメリット

巣箱の自作は、時間に余裕のある人や、巣箱を購入してみて自分の手でつくりたいと思った人にお勧めします。私が考案した現代式縦型巣箱は、一般的なラングストロス式巣箱よりもコンパクトですが小柄なニホンミツバチにはちょうどよいサイズで、逃去や病気などの可能性をできるだけ少なくしました。

巣箱を自作すると、ミツバチたちにより愛着がわくのはもちろん、新たに蜂群を増やしたいと思ったときに巣門の幅を調整したり、よりミツバチが好みそうな材を選んだりと、ミツバチの環境改善に試行錯誤する楽しみもますます増えます。

ただし、ここでは巣枠受けと巣枠については購入前提です。これはとても繊細なニホンミツバチができるだけストレスなく営巣できるように、何度も改良を重ねた最も重要なパーツで、無理に自作しても逃去してしまう可能性が高くなるためです。

しっかり乾いたスギを選ぼう

製材所やホームセンターで購入できる安価な材でも、木材はよく乾いたスギを選びましょう。マツなどはミツバチにとってにおいがキツく、ヤニも出るため扱いにくいです。木材の厚みは、2.7cmが目安です。薄すぎるとスムシやスズメバチがこじ開け侵入しやすくなり、巣箱内の保温力も低下する恐れもあるので気を付けましょう。

スギ材はホームセンターなどで比較的安価で手に入るが、厚みはスムシ対策も考えて2.7～3cmにする

1 巣門をつくる

巣門とはミツバチの巣箱の出入り口のこと。縦型巣箱の場合は巣門を表板の側板側に設置している。狭すぎず広すぎないことが大切。狭いとミツバチの出入りが滞り、広すぎると外敵に入られやすくなるからだ

❶ 板Aと板A'にそれぞれ巣門をつくるための墨を幅0.7㎝に引く。板A'の巣門は、外敵に襲われたときに逃げるためのもの(手順⑬参照)

❷ 長さ5～15㎝の墨線に沿ってノミで切り込みを入れ、その少し外側から彫り進める

❸ 巣門の左右をノコギリで切る。深くカットしすぎないように注意すること

❹ 巣門の左右もノミ立てをしておくとカットしやすい。ノミで再度ていねいに仕上げていく

❺ 幅がきちんと0.7㎝になっているか確認する。これ以上大きくなるとスズメバチの侵入を許してしまう

巣門の幅を勢いあまってカットしすぎるような失敗を防ぐために、ハタガネで材を固定すると、安定して作業ができる

2 板Aに巣枠の溝をつくる

現代式縦型巣箱は、ニホンミツバチ用のプラスチック製の巣枠と巣枠受けを使用するが、90度の向きに溝を彫れば、セイヨウミツバチ用の巣枠も取り付けられる仕様になっている

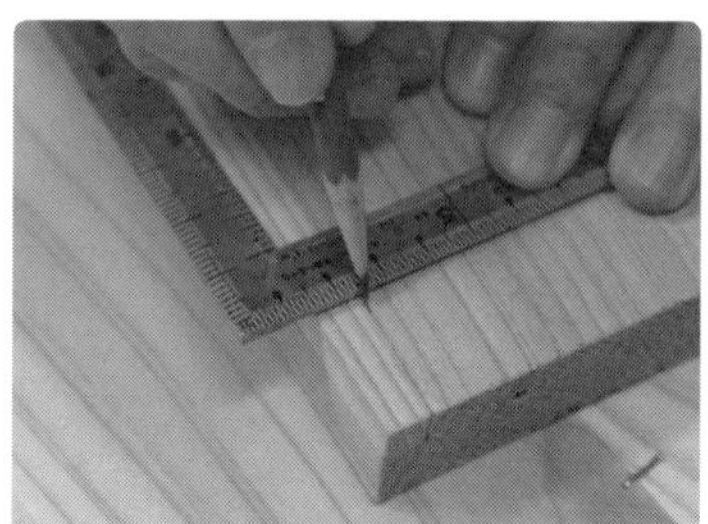

❻ 板Aの上端に0.7㎝幅の溝を彫るための墨を打つ。

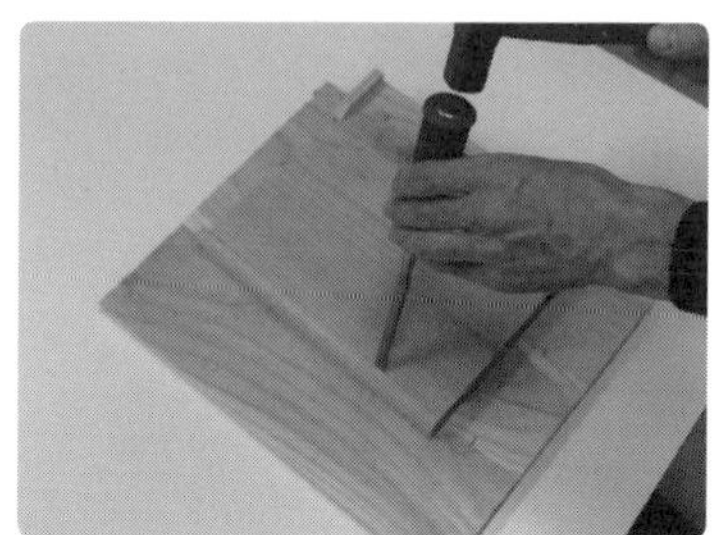

❼ 墨線に沿って、ノミで切り込みを入れていく。勢いをつけすぎて材が割れないよう気をつける

❽ ノミで入れた切り込みの上を、ノコギリで刻んでいく。大切な工程なのでていねいにすること

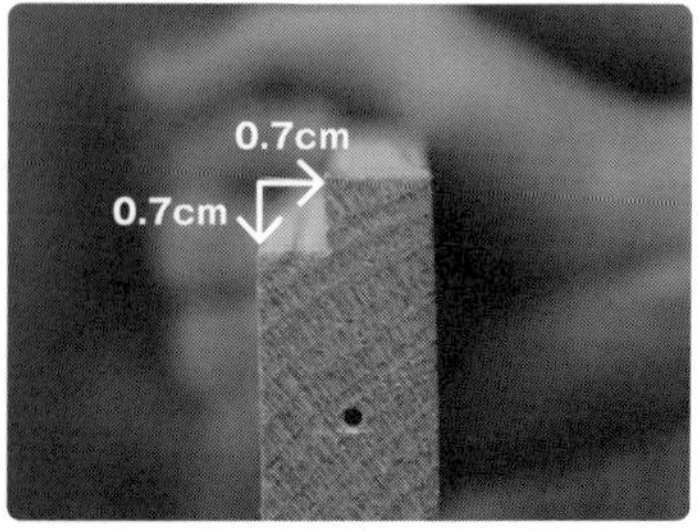

❾ 横から見た完成形。この縁に巣枠をひっかけるので、よりなめらかにしたい場合はヤスリで仕上げる

3 巣箱を組み立てる

ポイントは左右のネジを左右非対称にすること。巣門側を4カ所、反対側は3カ所にする。4カ所で中央にスペースを開けているのは、ネジで巣門をふさがないようにするため。反対側も同様に行う

⑩ 板Ａと板Ｃの材をつなぎ合わせる場所にドリルで穴をあけるための墨をひく。間隔は端から2cm間隔とする

⑪ 板Ａと板Ｃに電動ドリルで下穴をあけ、長さ60㎜のビスとインパクトドライバーで板Ａと板Ｃをとめ、箱状にする

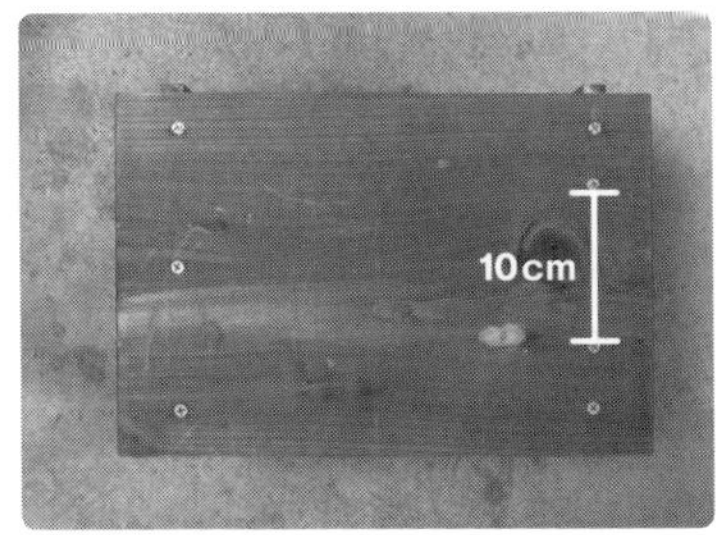

⑫ 巣門をふさがないように注意。4カ所側の中央部分は、縦10cmほどの間隔を設け、ミツバチの通り道を確保

⑬ 巣箱を上から見る。巣門を正面と後部に設けることで外敵に襲われたときに逃げられるようにした

ハチマイッター

女王バチが、巣箱から逃去するのを阻止する道具。板の厚さ2.75cmに合わせて幅を加工し、巣箱にはめ込む

4 巣門にEを取り付ける

縦型式枠箱ができたら、継ぎ箱の間にあらかじめ空けておいたすき間をふさぐ材をつくる。ここにはハチマイッターを取り付けられるようにするため、留め部分はビスひとつのみ。

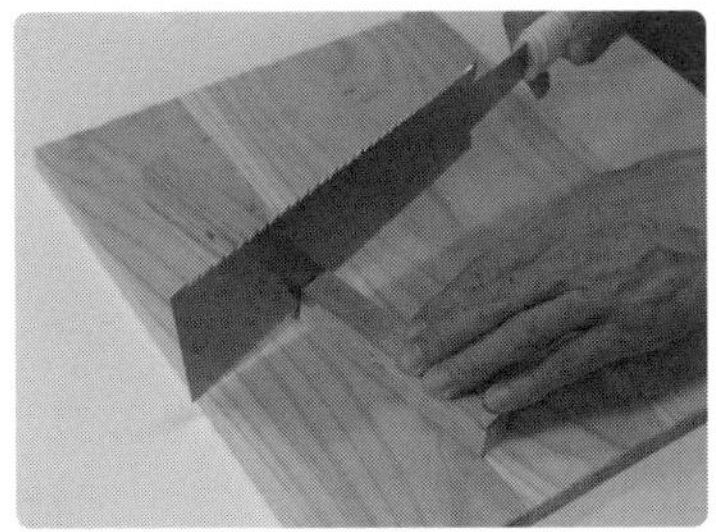

⑭ ハチマイッターを取り付ける材を12.25cmに差し金で測り、ノコギリで刻む

⑮ 木材を取り付けた部分は、ハチマイッターの取り外しが容易にできるよう長さ30㎜のビス１本で仮留めする

5 継ぎ箱を組み立てる

継ぎ箱は空洞部分。底にクロス棒を設置するため巣脾が底面につかず、スムシの食害を受けにくかったり、下にたまったゴミ出しを簡単に行えたりする。この底箱だけを重ねると重箱式巣箱にもなる

⑯ 板Ｂと板Ｃをつなぎ合わせる場所にドリルで穴をあけるための墨のひく。端から2cmずつ間隔を空ける

⑰ 板Ｂと板Ｄに電動ドリルで下穴をあけ、長さ60㎜のビスとインパクトドライバーで板Ｂと板Ｄをとめ、箱状にする

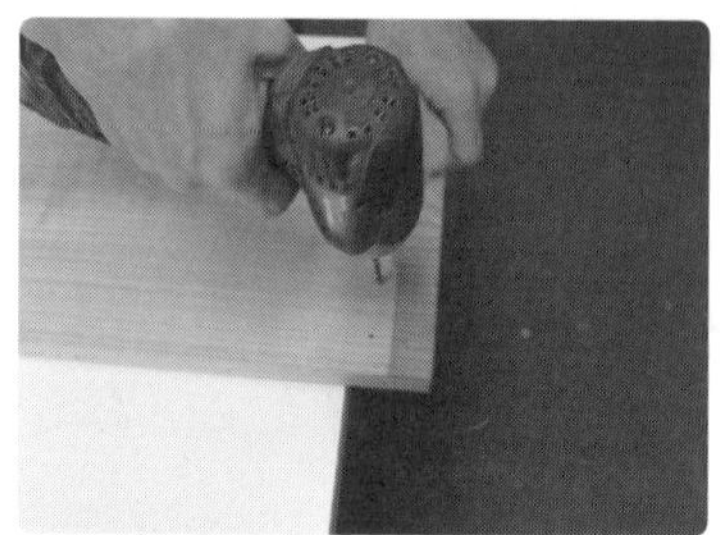

18 継ぎ箱の側板にドリルで穴をあけたら、長さ60㎜のビスをインパクトドライバーで取り付けていく

19 クロス棒を受け止められるよう、板Aと板Cのコーナーが曲線になるよう溝をノミで削る

20 巣内のサイズが若干ずれていることもあるので、斜めのサイズを測ってから制作したほうがより正確だ

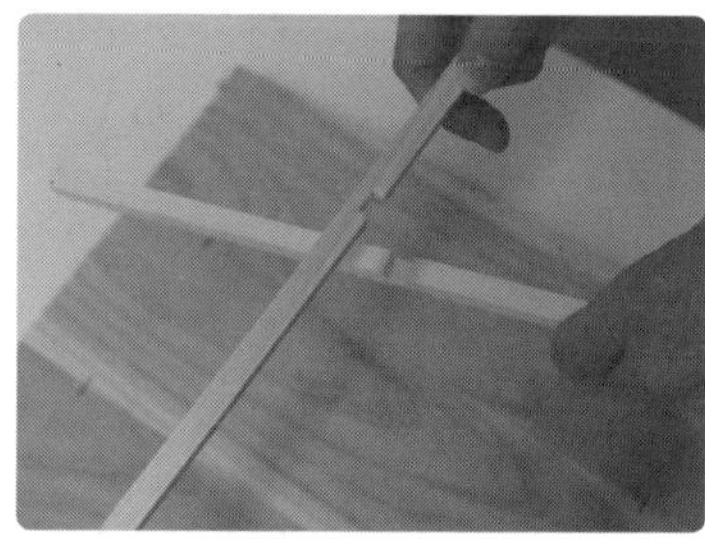

21 W10×D350×H10㎜のサイズの2本の棒を中央部分にそれぞれ深さ5㎜ずつ欠き込みを入れうまくつなぎあわせられるよう調整する

22 中央部分はボンドで接着する。今回は巣箱の四隅にかけるクロス式だが、表板と側板に平行にかける田んぼ型にしてもよい

23 クロス棒の角部分はカットし、ヤスリがけをするなどして曲線にしておくと、スムーズに結合する

6 墨を塗る

巣箱の外側に墨を塗る。ニホンミツバチが好む、木のうろのような雰囲気になる。ペンチや外構用の塗料は、ミツバチが嫌うにおいを発するので使いたくない。また、日本では湿気が巣箱内にこもりやすくなり、カビが発生しやすくなる

24 墨汁を20倍に薄めた墨をハケで巣箱の外側に塗る。ミツバチは偵察の際、色調しか見ないので内側は塗らない

25 墨は、枠にもまんべんなく塗ること。ミツバチが気に入るようにできれば二度塗りしたい

7 巣枠受けを取り付ける

26 藤原養蜂場で販売している「縦型用巣枠受」を取り付けることにより、飼育管理がしやすくなる（2本1,111円）

8 巣枠を入れる

27 縦型用巣枠を7枚入れる。蜜蝋が塗られた人工巣枠はプラスチック製なので、何度も洗って再使用できる

＼完成／

上級者にも役に立つ

覚えておきたい養蜂技術 巣箱編

国や地域によってもいろいろな形状や色の巣箱が存在します。それぞれ地域性や文化によって根づいてきたもので、私たち人間の住む家がみんな違うように、ミツバチたちも異なります。巣箱を通して何かが見えてくるかもしれません。

世界各国・地域で特色がある巣箱

世界で養蜂している人を調べると、ユニークな発見をすることが多々あります。主に用いられているのはラングストロス式巣箱で、オーストラリアやアメリカでは、水色や白などに塗っているところもあります。イギリスで製作された、アフリカのミツバチを題材としたドキュメンタリー映画に登場する巣箱も興味深いものでした。そこでは複数の巣箱を畑の周りに地上から浮かせるように設置していて、巣箱同士はヒモでつながっていました。ゾウなどの外敵が来た場合、ヒモにぶつかるとその振動がほかの巣箱にも伝わり、いくつもの群れが同時に威嚇攻撃に入れるように工夫しているのです。自然環境の苛酷な国ではミツバチの活用をより積極的に進めているということでしょう。

日本で昔から使われていた巣箱の代表格は、太い丸太をくり抜き、自然巣をつくらせる丸太式です。海外のようにカラフルな巣箱を設置しても駄目で、ニホンミツバチの場合は、目立たない自然に限りなく近い丸太式巣箱を好みます。その点セイヨウミツバチは比較的目立つ色彩でも気にならない様です。それではニホンミツバチは丸太巣箱の中は自然巣でないと飼えないかといえば、そんなこともありません。丸太巣箱内側を四角にくりぬいて巣枠をセットできるようにしている人は多く、また、空洞の丸太巣箱の上に単枠式の巣箱を重ねて設置する方法もよく行われてます。自然巣のように見せかけておびき寄せ、人が管理しやすいようにつくってある巣枠のある最上部に知らないうちに巣づくりさせているわけです。このテクニックを導入しているのがP.60に紹介した現代式縦型巣箱でもあります。

丸太巣は外側をバーナーで黒く焼くと自然に近くなる。ただし重くて移動がしにくいのが弱点

重箱式の自然巣で、横にプラスチック製の窓を設置。自然巣でも観察がしやすいよう工夫がなされている

ミツバチの飼育ごよみ

ミツバチが快適に過ごせるよう、春は分封対策、夏は暑さ対策や蜜枯れ対策、秋には冬越しの準備をし、冬にミツバチが凍えないようにする防寒や保湿など、季節ごとにすべきことを紹介します。

春 spring

3〜5月のミツバチの様子

草花の開花が増えてくると、巣の中のはちみつや花粉が増えて産卵スペースを圧迫します。卵を産めない状態になるとより快適な住処を求めたミツバチたちが分封を起こしやすくなります。そのときは、採蜜したり、巣枠を増やしたりして産卵と貯蜜スペースを確保してあげましょう。分封（P.72〜参照）して群れを増やすことも選択肢のひとつですが、分封前の大きな群れのほうがはるかに採蜜量が多いので、はちみつを少しでも多く採りたい場合はお勧めできません。

ミツバチを飼いはじめる絶好の季節

冬を越したミツバチを元気づけるためにまず給餌を行いましょう。菜の花が咲く少し前に給餌器に糖液を入れて与えます。セイヨウミツバチの場合、給餌器には1.8ℓ注入、ニホンミツバチはこの半分が標準で、砂糖と熱湯の割合は1：1（濃度50%）。人肌に冷ましてから与えましょう。給餌のタイミングは夕方。翌朝までにほとんど吸いきっていれば、群れの状態は良好といえます。

―巣箱の内検方法―

内検とは、巣箱の内部を確認する作業です。内検によって、ミツバチや群れの状態を確認することができるので、週に一回は行いましょう。

セイヨウミツバチの場合

セイヨウミツバチの場合は面布をし、防護服を着て燻煙器を使いながら内検します。最初に燻煙器の煙を巣門に向けて数回かけ、巣箱の蓋を開け、煙を巣内に優しく吹きかけると、ミツバチの動きが静かになります。作業は秒速10cm以下の動きでゆっくり行うのがコツです。

ニホンミツバチの場合

神経質なニホンミツバチはセイヨウミツバチよりも慎重に内検する必要があります。巣箱の蓋を開ける時は燻煙器は使わず、ヨモギやミントガムなどを口に含み、息を吹きかけるとおとなしくなります。霧吹きで水をかけても効果があります。1匹も傷つけない気持ちで、慎重かつ5分以内の短時間に内検しましょう。

春の飼育管理

1

王台を確認する

女王バチの2年目は産卵能力が低下しやすく、その前に新女王バチを誕生させ、群れの勢いを維持します。自然王台に産卵されていなければ、人工王台を設置して、複数の状態のよい幼虫を移植し、誕生を促します。成育した人工王台は未交尾カゴに設置し、一部はほかの必要な群れに移植します。現女王バチは王カゴに入れて幽閉し、働きバチに現女王の面倒を見てもらいましょう。羽化した2.3匹の女王バチ候補の中から1匹を選択し、群れの中に開放します。

2

育児の様子を確認する

巣の中の様子も確認しましょう。女王バチがいれば、群れは落ち着いており、巣房の中に卵、幼虫、サナギがあれば育児も順調な証拠です。働きバチは午前中に訪花することが多いので、巣のチェックは通常、午前中に行うとよいでしょう。巣門の働きバチの出入りも見ておきましょう。頻繁に行き来していれば、群れの状態がよい証拠です。

3

花粉や貯蜜量を確認する

巣箱に花粉やはちみつが少ないのにはさまざまな理由が考えられますが、ミツバチが逃去してしまう恐れがあるので、まずは代用花粉を与えて子育てに支障がないようにしてから、原因を探しましょう。気をつけたいのはスムシの発生。スムシが巣を壊し、働きバチの労働意欲がなくなることもあるので、P.94で紹介している対処法を実施しましょう。

子育てに花粉とはちみつは必須。巣内に少ないようなときは代用花粉と糖液を与えよう

4

病気・害虫を確認する

巣房の中で幼虫が死んでいたり、成虫が巣外で徘徊していたり、羽が縮れたり赤くて丸い粒々がついたら、群れが病害虫に侵されている合図です。ほうっておくと群れはますます弱まるので、早期の発見と対処が大切です。そのためにも、定期的に内検する習慣をつけましょう。症状ごとの対処方法は、P.89～で解説しているので参考にしましょう。

ダニに寄生されたミツバチ（写真中央）。羽が縮み、飛行が困難になる

6~8月のミツバチの様子

給餌と暑さ対策を万全に!

暑くなってくると人間が夏バテするように、ミツバチにも似た症状が現れるので、コンディションをしっかり整えておくことが大切です。

梅雨時や、冷夏になりそうな気候が続いた際には、花粉や糖液を給餌し、働きバチの育成を助けます。初夏は新女王バチを育成するのにも最適な時期です。女王バチが交代すると集蜜量が一時的に低下しますが、だからといって古い女王バチのまま秋を迎えると、群れの急速な衰退や病気の発生を招きやすくなります。盛夏から晩秋までの採蜜に群れが疲弊すると、産卵と育児を停止することがある。採蜜ばかりを優先せず、群れの様子をよく観察して夏バテ気味であれば水場を用意するなどしましょう。(巣内給水も一考)

また、この季節は農薬の散布も多くなるので、ミツバチが大きな被害を被ることも。早い時期に周辺の農家や生産団体と連絡を密にとり、安全に飼育、採蜜ができる環境を整えることも大切です。緊急避難場所として、高地への転飼場所を念頭に入れておくべきでしょう。その際は、クマやハクビシン、オオスズメバチの対策も必要です。

夏の飼育管理

給餌(きゅうじ)

夏は暑さとともに、蜜源や花粉源となる花が少なくなります。たくさんの花が咲いていても、それを求める昆虫も多いため、相対的にミツバチにとって蜜源は不足する状態に。貯蜜不足は逃去につながるので、内検で貯蜜量をよく確認しましょう。巣箱に大量のはちみつがあったとしても真夏は全部を採蜜しようとせず、せいぜい半分ぐらいを目安にすること。この後、気温が低くなったり蜜源が不足した場合に貯蜜がないと、群れの勢いが弱まり、群れの崩壊にもつながるからです。

2

スズメバチ対策

大切！

スズメバチはミツバチの天敵です。とくにオオスズメバチに巣箱が襲われたら、最悪の場合群れが全滅することもあります。そんな、恐ろしいスズメバチの被害も、早めに捕獲器をつけて処置できれば、その被害を減らすことができます。キイロスズメバチは7月、オオスズメバチは8月、最初にまだ群れをもたない女王バチが近づいてくるので、これを捕獲し、近くにコロニーをつくらせないことも重要です。

強力な粘着力があるネズミ捕りを巣箱の上に置いておく。最初に捕虫網で数匹のオオスズメバチを捕まえ、生きたままネズミ捕りに貼り付けておくと、おとりとなってオオスズメバチがたくさん捕獲できる。薬を使うことなく、大量に捕獲できるのでおすすめだ

逃去（とうきょ）の予防

神経質なニホンミツバチの飼育ではとくに意識をしておきたい、逃去問題。群れの勢いが衰え、それに伴ってスムシが発生したり、女王バチが不調で産卵、育児が途絶えがち……といった状況が続いたりすると逃去が起きやすくなります。そういう状態にならないよう、短時間で内検をしっかり行い、問題が広がらないように早期に対処することが大切です。

暑さ対策

夏はとくに、巣箱に強い日差しや西日が当たらないように意識しましょう。落葉広葉樹の垣根を植えて木陰を人工的につくるのもひとつの手です。ミツバチの巣箱内部は幼虫がいる限り必ず34℃くらいに保たれています。そのために、夏はミツバチは近くから水を運んできて、巣壁面に水を張り、羽を震わせ、水が気化する際の気化熱を利用して冷風を巣内に送っています。養蜂家としては夏は巣箱の近くと、給水場に、直射日光を避けるためのすだれやよしずを設置してあげましょう。（農業用寒冷紗もいい）

藤原養蜂場で飼っているニホンミツバチの巣箱の近くにはビオトープがあり、この水田では無農薬稲作が行われている。ミツバチにとって安全な水飲み場がある環境が一番の理想だ

秋〜冬
Autumn-Winter

9〜2月のミツバチの様子

ミツバチが冬を越せるようにしよう

秋は夏に比べて過ごしやすく、蜜源花も増えるので、貯蜜量が増加します。しかし、秋にためたはちみつはミツバチにとって、越冬や次シーズンに生まれてくる子どものための大切な食料になるので極力採蜜は控えるのが理想的。採蜜をするとしても控えめに行いましょう。

本格的な冬期を迎えると、ミツバチは巣箱の中で密集し、じっと丸くなって体を温め合って寒さを乗り切ります。これを、越冬蜂球と呼びます。しかし、群れの数が少ないと保温力が足りず、越冬に失敗してしまいます。そうならないためにも、群れの勢いが弱い場合は、秋のうちに弱い群れの複数の巣箱をひとつにまとめる「合同」を行う必要があります。

冬の肌寒さを感じるころになると蜜源の開花が減り（関東圏で二月末）、それに伴って産卵数も激減します。そうなったら巣箱の冬支度の合図です。巣箱内の巣脾枠を内検し、貯蜜と育児がされている枠だけを残して、ミツバチを巣箱の真ん中に寄せて、最後の給餌をするため給餌器で挟むようにします。給餌を終えたら2枚の分割板を使ってさらに新聞紙を数日分ずつ巣枠を挟み、上と横にかぶせるようにして保温してあげましょう。

秋〜冬の飼育管理

巣箱の保温

巣箱を発泡スチロールで保温した例。冬でも比較的暖かな関東地方であればこの方法で十分だが、東北地方など寒い地域はワラの使用を推奨する

内検で巣箱の中央部分でミツバチが越冬蜂球をつくるのを確認したら、5cm以下に巣門を狭くして巣内の保温に努めましょう。巣箱の周りを発泡スチロールやアルミカバーなどで冬囲いをします（日光の当たる面は覆ったり囲ったりしないこと）。巣内は新聞紙のほかにワラを束ねて使って保温する方法もあります。はちみつは粘度があるため、保温性があります。越冬するときは巣脾枠いっぱいにはちみつがたまった状態にしておくのが理想です。最近では、1月末あたりから電熱線を巣箱の中か二重箱の下や横に敷設している養蜂家もいますが、暑くなりすぎないように注意しましょう。

2

給餌（きゅうじ）

糖液は500gを１～２日で吸い終わるのを目安にする。３～４日経った糖液は、発酵してしまいミツバチに害が出るので給餌を止める。発酵した糖液はもったいなくても捨てること

9月初旬から給餌を行うと、女王バチの産卵を促せるので、越冬のためのミツバチを増やせる。11月初旬以降に給餌をすると、ミツバチは季節を春と勘違いし余分に産卵を促してしまうので注意すること。

3

盗蜜対策（とうみつ）

盗蜜とは盗蜂とも呼び、ミツバチがほかの群れを襲い、はちみつを奪うことです。貯蜜がお互いの群れで充実している時期は盗蜜は起こりませんが、蜜源が減少した時期には起こりやすく、襲われた群は食料がなくなり餓死してしまいます。そんな時期の内検は夕方遅めに短時間だけで行うこと。セイヨウミツバチ、ニホンミツバチを同所で飼っている場合は、両種それぞれ、味と香りの違う糖液を200～500mℓずつ継続して与えることが、盗蜜予防につながります。ラベンダーやローズマリーの精油を糖液に混ぜると効果的です。セイヨウミツバチがニホンミツバチの群れを強力に盗蜜すると、通常、2日目にはニホンミツバチの女王バチは死亡してしまいます。日中でも、被害を受けた群れはすぐに2km以上移動させること。ほかのニホンミツバチの群れの巣箱は巣門を2cm程度に小さくする。被害を受けた群れの巣箱が移動した後の場所には空巣箱を設置し、囮として少量の貯蜜枠を入れると、盗蜜は大抵治まる。加害者の群れには、夕方に吸わなくなるまで十分な給餌を与えることも忘れずに。

4

蜂群の合同（ほうぐん／ごうどう）

弱群は合同するのが基本ですが、病気や寄生虫にかかっている場合は行いません。合同する場合は、1段目を無王群、2段目を有王群にする。継ぎ箱は巣枠と群れをすべて移動してから行い、巣箱をサッシの網で両群隔てて重ね、3日ぐらいそれぞれのにおいを馴染ませます。その後、両方の群れがサッシにかじり付いていなければお互いのにおいに馴染んでいるのでサッシの網を取り去ることで合同は完了します。女王バチ同士が出会うと殺し合ってしまうので、かわいそうですが、あらかじめ弱群側の女王バチを間引きます。合わせた群れの働きバチは数日で自分の女王だと思い、馴染みます。

ミツバチの自然分封(ぶんぽう)とは？

分封とは巣別れのことで、ミツバチが群れを維持し増殖し続けるための通過儀式のようなものです。分封はどのように行われるのか？　分封が発生したらどのように対処すればよいかを説明します。

分封とは新しい家族ができること

分封とはひとつの群れが1〜3群に分かれることで、蜜源が豊富にある時期に起きやすい（関東地方では4月中旬〜5月中旬）。リンゴや菜の花が咲き、集蜜や育児などの活動が最高潮になり、巣箱内にいっぱいになったミツバチが、女王バチを連れて溢れるように飛び出します。

分封前の巣箱の中には、新女王を誕生させるためにたくさんの王台ができ、ほかの群れの新女王と交尾するための雄バチも誕生し、働きバチもどんどん増えます。

ニホンミツバチは、分封する数日前には偵察バチが住処候補地を探しに出かけます。よい場所があると巣の中でダンスをして仲間たちに知らせます。その後仲間を引き連れて何度も確認しに行きます。セイヨウミツバチは、分封後の休憩地から偵察に行くようです。気に入ればそこへ女王バチを引き連れて何万匹もの群れで新たな住処へと引っ越しとなります。偵察バチは複数いて、多数決で新居を決めているともいわれています。

このように1週間の間に複数の新女王候補が生まれ、次々と分封し、新たな群れを築いていくの

1 別れ（王国の始まり）

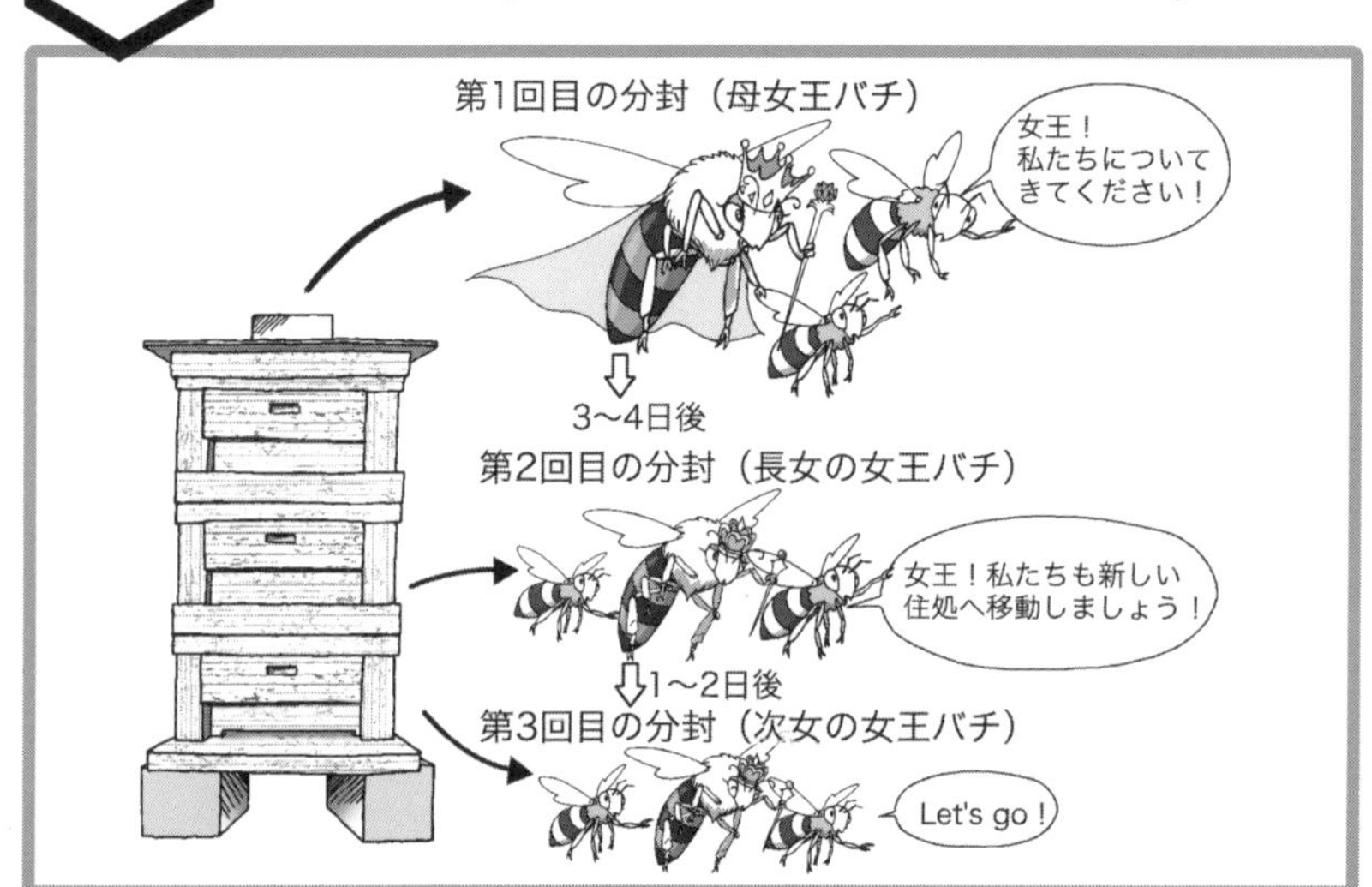

働きバチの総意で女王バチを連れ出すようにして巣別れが起きる。旧女王バチは新女王バチ候補が羽化する前に第1回目の分封をし、群れの半数ほどの働きバチと巣から出ていく。その３〜４日後に第2分封が発生するが、出て行く働きバチの数は第1分封の5〜6割に減少する。さらに１〜２日後、第3分封が起きるが、働きバチの数が少ない場合は元の巣にとどまり、羽化してい来る妹たちを王台に入っているうちに刺し殺したり、出房した女王バチ候補同士で決闘して、最終的に1匹が女王バチになる

です。群れの中に女王は1匹しか存在できないので、旧女王と新女王が一緒になると、出会い頭に殺し合うこともあり、末っ子とその前の女王バチが決闘することも多くあります。

2 偵察バチが住処(すみか)を探す

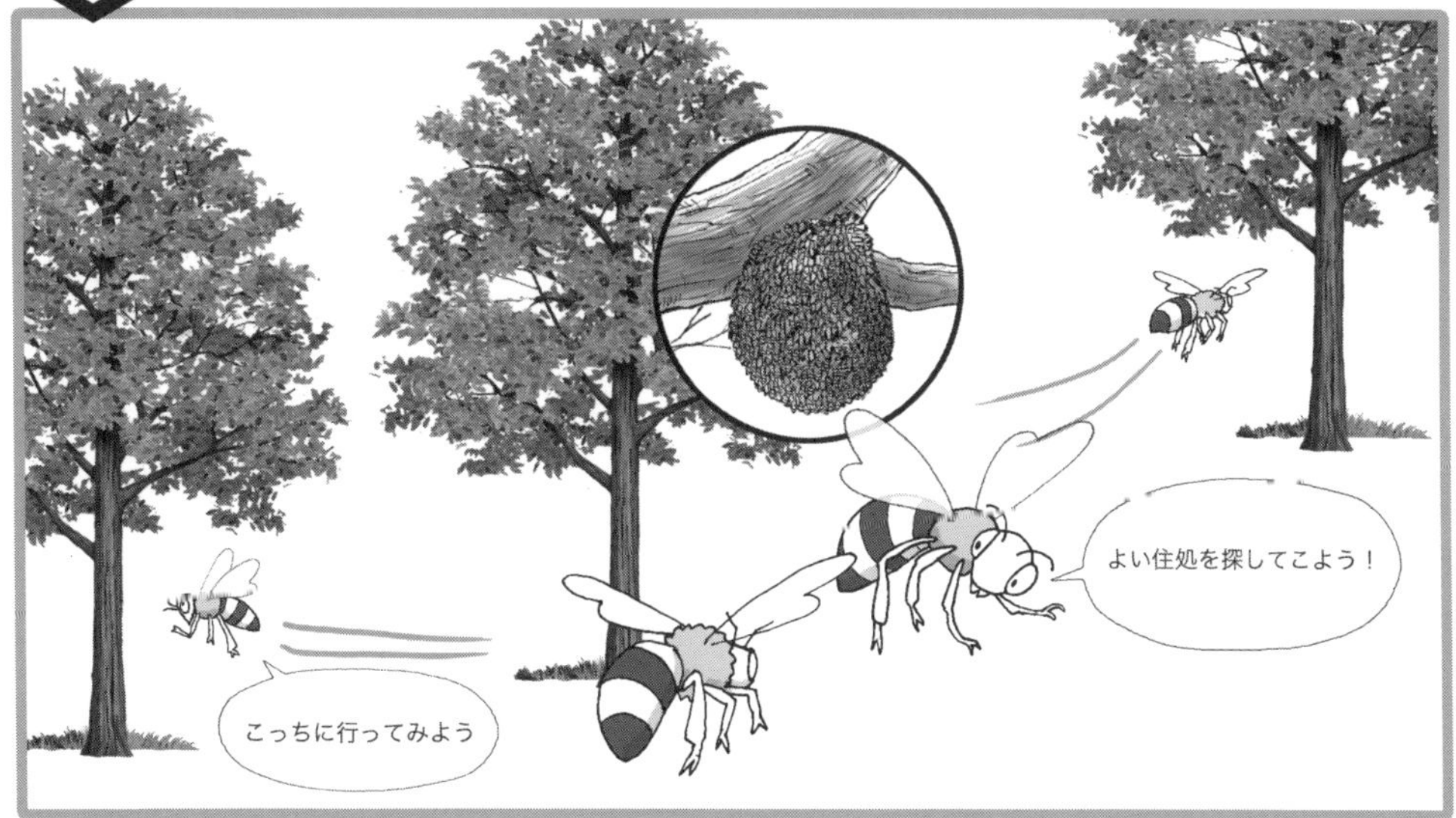

ニホンミツバチの場合は、次の住処を求めて10日以上前から偵察バチがチェックを始める。分封する1週間ぐらい前になると偵察バチがさかんに方々を探し回り、新居を確定させる。セイヨウミツバチの場合は分封1～2日前に行われるか、分封してから近くの樹木に居場所を決めることが多い。そのため新たな住処が見つからなければ蜂球状態で1カ月近くとどまる場合がある。蜂群がむき出し状態のため外敵に狙われやすく、攻撃的になることもある。そのまま群れが崩壊してしまうこともあるので、素早い回収が必要だ

3 新たな場所へ移動

偵察バチが新たな住処候補を発見すると、8の字ダンスをして仲間に場所を伝える。数十匹の偵察バチで確認しに行き、住み心地がよさそうと判断すれば、群れ全体に伝えて移動する。セイヨウミツバチもニホンミツバチも、分封群は一度、元の群れとの別れを決心するかのように元の巣の近くに集結し（実際には若い働きバチの羽が丈夫になるのを待って？）、目的地に向かうようだ。ニホンミツバチは比較的太い幹を持つ木から横にせり出した太めの枝に集合し、セイヨウミツバチは枝の葉が多いところに取り付くことが多い

ミツバチの分封群(ぶんぽうぐん)と逃去群(とうきょぐん)

群れで飛翔して移動するミツバチを分封群と逃去群と呼びます。分封時と逃去時ではその性質が違いますが、これを捕獲したり、前もって分封をコントロールすることで群れの数を操ることができます。

安全な分封群と危険な逃去群

分封群とは、通常女王バチがいる群れが新居を求めて元の巣を出ている状態を指します。女王バチの産卵が順調で、巣の拡大が望めないほど住処が手狭になっているときや、産卵圏が圧迫されるくらいはちみつ、花粉などが多いときに起こります。

もともと住んでいる旧女王バチと働きバチの約半分が巣から出ていくのを第1分封と呼びます。第1分封は大群になりやすく、ときには大人の頭2個分の群れ（2万〜3万匹位）にもなります。分封は基本的に蜜源植物が豊富な時期に起こるので、攻撃性は極端に低いのが特徴です。蜂球や飛翔状態の異様さには驚きますが、分封群の中に手を入れても刺されることはありません。

一方、生存に不向きな環境になったときに起きるのが逃去で、逃去中の群れを逃去群と呼びます。これは、元の巣の場所にストレスを感じたり、将来性に不安を感じたときに、新天地に新たに巣を築こうとするニホンミツバチに見られる特徴ですが、セイヨウミツバチもまれに起こります。逃去群は飢餓状態になっていることも多いため、非常に神経質になり、不用意

\大切！/

ミツバチの増やし方

春、幼虫が増えると花粉や蜜が不足することがあるので、給餌を忘れないようにしましょう。産卵や育児を促進させるには砂糖液を与えます。

砂糖液と同じく大切なのが花粉です。花粉は栄養価が高く、ミツバチの体づくりに欠かせないタンパク質や炭水化物、ビタミン、ミネラルを含んでいます。花粉が不足していると、育児が滞り群勢の伸びが止まってしまうので、その場合は代用花粉（ビーハッチャー）を与えます。ビーハッチャーは巣箱の蓋を開け、巣脾枠の上桟部分に置いておけば、働きバチが花粉だんごにして巣房に持ち帰ります。

に近づいたり、触れると攻撃される恐れもあります。

分封群や逃去群を捕獲して、自分の巣箱でも飼えます。分封群と逃去群は普通、捕まえた人の所有権となります。セイヨウミツバチの分封群と逃去群が休憩中によく集っているのは木の枝。それに比べてニホンミツバチは、比較的太い幹をもつ木から横にせり出した太めの枝にいることが多く、凹凸の少ないざらつきのある樹木を好みます。

分封群を捕獲している様子。分封群は落ち着いているので、素手で触っても刺されにくい

蜂群を計画的に増群できる人工分(割)封の方法

ミツバチを人工的に増群させるには、分封しようとする大きな群れの巣箱を数ｍ動かします。動かした跡地に設置した空巣箱に人工分封させることで蜂群を2つの群れに分けます。

作業時期は5～6月、王台ができて先端部分が薄くなったときに、王台付きの巣脾枠（すひわく）（働きバチ付き）ともう1枚巣脾枠（働きバチ付き）を元の位置の空巣箱に移して両側を空の巣枠で挟むようにします。自然分封の際、ミツバチはおなかにはちみつをたくさん蓄えていますが、この方法ではそうではないので、ミツバチが育児放棄したり逃去しないように、給餌器に糖液をたっぷり入れてあげましょう。

3～5日すると、分割した元の巣箱の王台から新女王バチが誕生します。その数日後には交尾をし、順調にいけば3～7日ほどで産卵がスタートします。

反対に群れを分封させない方法もあります。新女王誕生のための王台がつくられるのが分封のサインです。分封を防ぐには、王台を見つけたらすぐに取り除き、新女王バチが生まれないようにします。

さて、突然分封してしまったら、すぐに対処を。分封が始まってすぐは、まだ女王バチが巣箱から出ていないので、巣門をふさぎ、巣門や巣箱に大量の水を浴びせます。水がないときは空中を乱舞する群れに細かい砂をふりかけます。また一斗缶を棒や石で叩いて雷のように空気を振動させると、ミツバチは元の巣箱に戻ったり、近くの木に集まったりするので、これを捕獲し、近くに巣箱がない場合はリンゴ箱くらいのダンボール箱の一面を玉ねぎネットや面布などをガムテープでとめたものに蜂群を回収し、夕方遅めに元の巣箱に移し替えましょう。

chapter 3 ミツバチの飼い方

分封群の誘い寄せ方と移し方

ニホンミツバチの性質を知っていれば、自分でも分封中のニホンミツバチを捕獲できます。気に入ってもらえる環境を整えて、あらかじめ捕まえる準備をしておくことが成功率を上げるカギです。

ニホンミツバチはおびき寄せる事ができる

分封の時期は、地域によって多少異なっています。九州南部なら早ければ2月後半から4月末くらいまで。東京周辺は4月中旬～5月下旬、東北では5月中旬から6月末ぐらいまで。その直前までに準備を終えましょう。

用意しておくべきものは、下記のとおり。「待ち箱」とは、新居としてもらう巣箱のことで、写真は横型巣箱ですが、縦型巣箱でも大丈夫です。おびき寄せるには、ニホンミツバチが誘引される、キンリョウヘンという東洋ランの一種を分封間近の巣箱近くに待ち箱として置くと入りやすい傾向にあります。それと、ニホンミツバチに居着いてもらう環境を整えておくことも大切です。巣箱の内側に黒砂糖と焼酎を1：1で溶き、倍の水で薄めた液を塗り、ニホンミツバチの好むにおいを強めます。アルコール成分が揮発してより遠くまで効果を発揮し誘引します。巣箱にはさらに蜜蝋を塗っておくと、より親しみを感じてもらえます。居着いてもらう確率を上げるために、あらかじめ貯蜜してある人工巣を入れておくのも有効です。

用意したいもの

待ち箱
誘引したニホンミツバチに入ってもらう巣箱。気に入ってもらう仕掛けをいろいろしておこう（1万円前後）

人工キンリョウヘン
ニホンミツバチをおびき寄せる誘引剤。藤原養蜂場で販売中。（1個 3240円）

キンリョウヘン（東洋ランの仲間）
ニホンミツバチの分封時期と同じころに開花する。人工キンリョウヘンと組み合わせると、より強くニホンミツバチを誘引することができる（5000円前後）

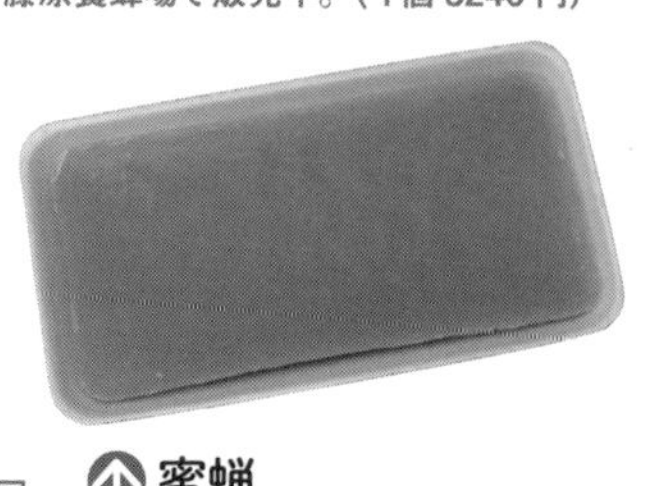

蜜蝋
最初は購入する必要があるが、養蜂を始めると採取できるようになる。巣箱の内側に塗っておくと誘引しやすい（1000円前後）

群れを上手に巣箱に移し替える

高所の枝などにとまった分封群を捕らえる場合は、周囲の安全のために2人以上での捕獲作業をお勧めします。まず分封群に届く長い竿を用意し、昆虫網をガムテープで頑丈に巻きつけます。ミツバチを傷つけないよう、慎重に捕らえたら、巣箱に移します。

捕獲したミツバチを巣箱に誘引するには、あらかじめ巣箱の入り口近くにミツバチを誘引する効果のある、「人工キンリョウヘン」を設置し、群れの周りの木にヨモギやハーブを塗ります。

捕獲し損ねた残りのミツバチは、無理に捕まえて巣箱に入れず、メッシュの袋を木にぶら下げ、その中に払い落とし、ミツバチが落ち着く夕方まで様子を見ましょう。

分封群を捕まえやすくするため分封板を設置しておくのも方法。木の枝よりも取り付きやすい

巣箱内に糖液を入れた給餌器をセットし、大きく広げた巣門から自然に入ってもらう。10時間もすると全群が入る

巣箱内に蜜蝋を塗ったり糖液を置いたりするとミツバチは気に入りやすい。あまり手をかけずに、自然に見守ったほうが居着く

あらかじめ蜜蝋を塗り付けたザルをトラップとして木の枝に吊るしておくと分封群が入ることも。ザルを面布などで覆い、下にやさしく振り落とせば確保可能

ニホンミツバチを捕まえる

レンゲや菜の花、ソバの咲く時期にニホンミツバチが訪花していたら、すぐ近くに営巣しているかもしれません。ミツバチの数が多く往来が激しければ、きっと近くにニホンミツバチがいるはずです。探してみましょう。

ニホンミツバチを捕まえるには3月下旬から6月末までの、巣分かれする分封時期がとくに狙い目で、自分のところに来てもらえるようにおびき寄せる方法があります（P.76参照）。待ち箱を用意し、捕まえる条件が整えば、ほどなく蜂群となって一気に巣箱に来てくれます。そのときの喜びといったら、ほかの何にも代えがたいものがあります。

一方、セイヨウミツバチは改良された品種なので、人間の手を借りなくては、ほとんど生き残ることができません。また、ニホンミツバチはオオスズメバチや寒さから身を守る術を知っていますが、セイヨウミツバチはアフリカから来たミツバチなので、その術を知りません。また病気にかかりやすい傾向にあり、野生で生き残るのはとても難しいのです。しかし、たまに管理不足の養蜂者から分封群が飛び出してくることもあるのも事実です。市や県の公国課や住民課、害虫駆除を行う会社にあらかじめ、保護を無料で行うと伝えておくと、知らせてくれることも多いです。

方法 1 巣箱を用意して待つ

屋根に待ち受け箱を設置するのも方法だ。飛翔スペースがあり（待ち箱の前に障害物がない）、風当たりが少なく、強い光が当たらないところが入りやすい

巣箱に細工するのがポイント

ニホンミツバチは直射日光があまり当たらず、風通しのよい森の中にある樹のうろなどを好みます。海外の養蜂家は白や水色、ピンクなどカラフルな巣箱を使っていたりしますが、ニホンミツバチは自然に近い色の場所を好むので、ニホンミツバチを飼っている人の多くは焦げ茶色の巣箱を選ぶのです。また、ニホンミツバチの蜜蝋を巣箱に塗っておくと誘引力がアップします（P.60 参照）。

方法 2
自然巣を捕獲する

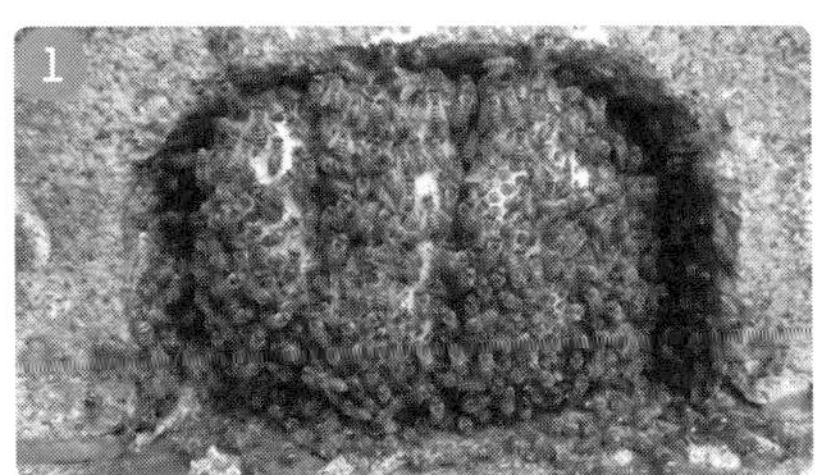
1
お墓のコンクリート部分に営巣しているニホンミツバチ。ミントガムを口に含んだ息を吹きかけ、ミツバチに避けてもらう

2
できる限り巣房や幼虫をつぶさないようにして温めた蜜刀で巣脾を1枚ずつ切る。素早く行い、ミツバチにストレスをできる限り与えないようにする

3
幼虫がいる部分を中心に巣脾を切り出し、巣枠に収める。巣脾が曲がっている場合は巣脾に切り込みを入れ手のひらで押して平らに整形する

4
巣枠の中心部分の食い込み部分に針金を通し、蜜蝋を塗り込む。切り取った自然巣に切り込みを入れて、針金を食い込ませてから垂直方向に輪ゴムをかける

最初に女王バチを捕獲する

近くでおなかにはちみつをいっぱいためたミツバチがいたら、そのミツバチの行方を観察してみましょう。緑が生い茂っている森林、神社、お寺など、ニホンミツバチの好みそうな場所を想像します。巣を見つけたら、給餌器に糖液を入れた巣箱を用意し、ミツバチを誘導しましょう。食料があると誘導しやすいです。ここでポイントなのが女王バチを真っ先に見つけることです。女王バチがいないと、働きバチはざわざわと落ち着きがありません。女王バチを見つけたらていねいに未交尾カゴ（写真参照）に入れてから巣箱に移します。女王バチは働きバチからもらえるローヤルゼリーで生きています。捕獲時は蜂群も女王バチもパニック状態に陥るので、できるだけ早く一緒にしてあげることが大切です。

ミツバチを新しい巣箱に入れ、巣脾にほとんどミツバチがいない状態になったら、左の写真の手順で作業を進めます。巣枠に収めるときは可能な限り、並びや向き、巣穴の6角形の角が天地方向に向くようにしましょう。

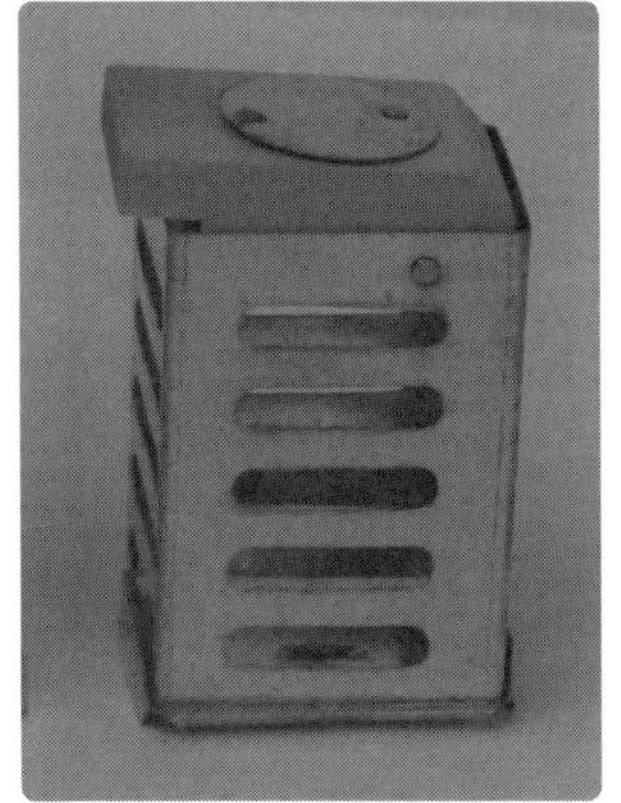
未交尾カゴは、女王バチを一時的に隔離しつつ、働きバチが出入り可能なもの。女王バチと働きバチを触れさせて安心させてあげることが大切だ

見守るべき自然巣もある

駆除の対象となっていたらミツバチが私たちの住む自然を支えている大切な生き物だということを知ってもらい、見守れる状態と環境が整えられたら最高である

左の写真のように木のうろに営巣している場合は、捕獲する時に高度な技術が必要になってくるので分封時期まで待って見守ってあげるのが賢明です。道路拡張時の木の伐採や駆除の依頼であれば樹林医と相談した上で、木を切って捕獲になります。

知っておきたい蜜源の話

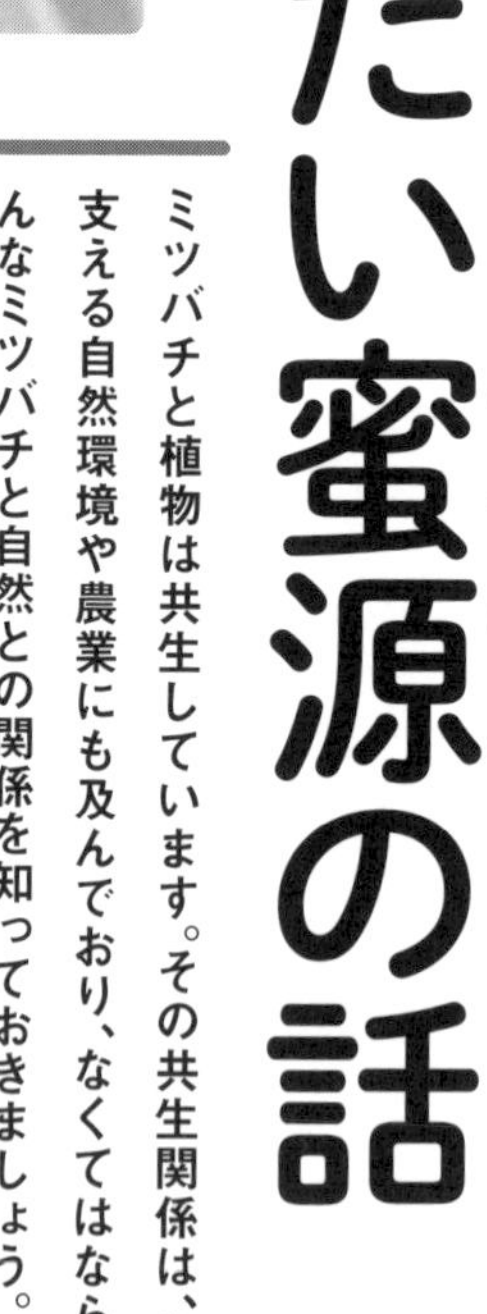

ミツバチと植物は共生しています。その共生関係は、私たち人間社会を支える自然環境や農業にも及んでおり、なくてはならない存在です。そんなミツバチと自然との関係を知っておきましょう。

ミツバチと花の関係性とは？

ミツバチが花の中に体をうずめ、花粉や花蜜を採取している姿はとてもかわいらしく、癒されるものです。ミツバチは多くの花と共生関係にあって、互いに支え合っているということを知っていましたか?

ミツバチは自分たちの食事と子育てをするために花粉と花蜜を集めますが、植食生の昆虫と違って植物にダメージを与えません。ミツバチがたくさんの花を訪れることによって、雄しべから雌しべへと、花粉が受け渡され、受精します。

自分だけでは受粉できない植物も、ミツバチが連続して花を訪れることで花粉を受け取ることができ、実や種子をつくり子孫を残せます。そうしてまた花が咲き、ミツバチもまた持続的に花蜜や花粉を利用できる共生関係を築いてます。

私たちが普段口する農作物にも、この関係性に依存している虫媒花のものが数多く存在しています。ミツバチと、この植物との共生関係は、私たちの人間社会も支えてくれているのです。

ミツバチと農作物

ミツバチがもたらす農作物の豊かな恵み

ミツバチのように花粉を媒介している生物は、2万種以上いる蜂のほか、チョウやハナムグリなどの昆虫、鳥、コウモリなどがいます。これらの生き物による花粉の媒介によってもたらされている市場価値は、国連によると年間27～66兆円にものぼるとされています。

多くのイチゴやリンゴ農家は、養蜂家に畑に巣箱を置いてもらい、ミツバチに授粉をしてもらっています。そんな、人間社会を支える農作物にとって大切なポリネーター、ミツバチの一種であるマルハナバチが、つい最近、アメリカ合衆国魚類野生生物局によって絶滅危惧種に指定されました。

ミツバチ属が指定されたのはアメリカ本土では初めてのことです。これ以上、ミツバチの状況を悪化させないためにも、多くの人にミツバチの働きを知ってもらうことで、ひとりひとりが自然環境を考えるきっかけにしたいものです。養蜂への理解も深まり、多くの人がミツバチに関心をもつようになるかもしれませんね。

イチゴの受粉

ミツバチの授粉でおいしそうに育ったイチゴ。これもミツバチの恵みだ

イチゴは多数の花の集合結実果なので、全体が受粉しないとふっくらせずにいびつな形になってしまう

私たちにとって身近な農作物

ゴーヤとも呼ばれ、花は淡い黄色でウリ類の中では小型。蜜量は少ないが日よけとして使える

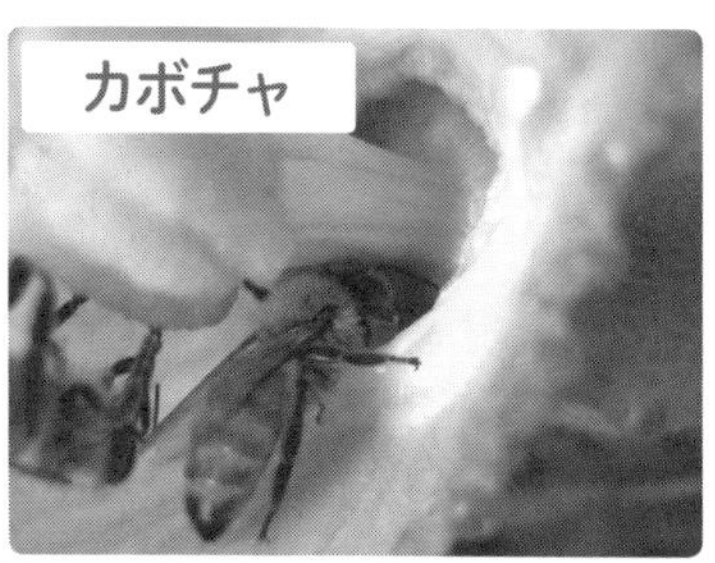

大きな花をつけるのが特徴。早朝に咲くのでミツバチもそれに合わせて大勢訪れる

年に2～3回開花結実する珍しい性質をもっている。主な開花は7月ごろで果皮に甘みがある

ハナバチが好んで訪花する。雄花から花粉が、雌花からは花蜜が得られ、どちらも質が大変よい

藤原養蜂場ではトチの実を無料配布している。蜜源樹に興味をもってもらいたいという思いからだ

増やしていきたい蜜源・花粉源植物

吸収から北海道に広く分布。みかん科のキハダのはちみつは整腸作用があるともいわれている

日本の山の蜜源樹の中で花蜜の量、質とともに秀でている存在。トチのはちみつは香りが強く、味にコクがあるのが特徴。トチの実は煎餅などの和菓子にも使用される。谷川の守り神だ

養蜂家にとっての宝の木。はちみつはレンゲやアカシア以上に透明で、食べやすい味だ

日本の山の蜜源樹を代表する存在。梅雨どきに開花する。マヌカハニーに負けない抗酸化力を有する（アカシアはちみつの約 180 倍）

リラックス効果があるとされており、ポプリやアロマオイルにも利用されている

蜜源、花粉源として申し分なく、はちみつの味が日本人好みで、香りは桜餅のようで、人気が高い

身近にあるかもしれない大切な蜜・花粉源植物

ミツバチの巣箱を置く周辺1～2km以内に、蜜源植物があるかを調べておくことは大切なことです。緑豊かな場所であればどこでも大丈夫だと思われがちですが、そうではありません。ここではミツバチが好む植物の例を紹介していますが、自宅に庭がある人は意識して植えてみてもよいでしょう。もっと詳しく知りたい人は佐々木正己先生の著書『蜂からみた花の世界』（海游舎刊）を参考にしてください。

ミツバチを通して自然を考える

ハナバチのおかげで私たちは生きている

農業とハナバチは切っても切り離せない関係なのに、そのバランスは今、世界中で崩れてきています。過去50年間で人間が飼育するセイヨウミツバチは増えているものの、地球規模で見ると、ハナバチ全体は減少傾向にあります。※IPBESの報告によると、花粉を運ぶ16・5％の脊髄動物、40％以上のハチの仲間が絶滅のおそれがあるとしています。その原因は森林伐採や、都市化、外来種の侵入、そして農薬の使用が考えられていて、蜂群崩壊症候群（ＣＣＤ）という言葉まで存在しています。

日本でも、戦後山林は広葉樹が伐採され、針葉樹の単一的植樹によって自然のサイクルが歪められています。ミツバチの食料である花蜜も、スギやヒノキでは望めません。木のうろができる前に伐採されるので、動物の住処もなくなります。水源地の山でのマツクイムシの駆除や田畑、果樹園で使われる農薬が、ミツバチに甚大な被害を与えているのも大きな問題です。

※ Intergovernmental science-policy Platform on Biodiversity and Ecosystem Services：生物多様性及び生態系サービスに関する政府間科学 - 政策プラットフォーム

ミツバチを観察していると私たち人間が見習うべきことがたくさん発見できます。群れを守り維持していくための秩序高く愛情深い行動に興味を引かれます。おなかにはちみつをためていない仲間がいたら分け与えたり、外敵に仲間が捕まったら自らの命を顧みず、助けに向かう行動も見られます。

こんなに素晴らしい生き物を、人間のエゴで死滅させてしまってよいものなのでしょうか。このことを身近な人に伝え、ともに考え、ミツバチの環境を少しでも意識できる人が増えていけば、ミツバチも自然環境ももっと豊かになっていくはずです。

優秀な蜜源であるユリノキ。酸性雨がこの植物の葉に触れ、幹を流れ落ちるうちにアルカリ性になるという性質をもつ（森林総合研究所の発表による）

近隣トラブルと対処法

Trouble Shooting

ミツバチは広範囲を飛び回り、花の蜜や花粉を集める生き物です。自分の敷地の中だけで飼えるものではないので、近隣住民の理解を深め、トラブルを予防することが大切です。

「走光性…」

走光性とは、生物が光の刺激に反応して、光の方向に向かう習性です。夏に、夜の街灯にたくさんの虫が吸い寄せられるように集まるもので、もしそこにミツバチがいると怖がる人がいるかもしれません。

しかし、ミツバチの場合はほとんどこの習性はありません。なぜならミツバチが外の世界に働きに出るのは午前中から夕方手前までだからです。

ただし、女王バチがいない無王状態になると、ざわざわと落ち着きなく街灯に引き寄せられがちです。また、蜂群崩壊症候群（ＣＣＤ）の原因のひとつとされるネオニコチノイド系の農薬（P.95参照）の影響を受けると、神経を麻痺させられ、方向感覚や光の感受性が狂い飛行をコントロールできなくなります。ネオニコチノイドを散布した農家近くの養蜂家からは、夕方から夜にかけてミツバチが付近の街灯の下に集まり、もがき苦しんでいたという報告もあります。

「刺害…」

人がミツバチを恐れる最大の理由は、刺されるのではないかという心理です。しかし、ミツバチはほとんど人を刺すことはなく、刺すのはそれなりの理由があるときだけです。たとえば、手で強く払ったり握りつぶすようにすると、攻撃されたと勘違いし、刺すことがあります。また、巣箱の巣門の前に立つと、ミツバチの飛翔の妨げになり、まとわりついて来ることがあります。このとき、手で払おうとすると刺されることも。また、巣門から見て左右45度、距離3mの範囲に入ると攻撃されるので、ご近所にこのようなことをしっかりと説明し、理解してもらうことが大切です。巣門の前に衝立てを立てるのも効果的です。

万一、刺された場合に備え、P.49で紹介した対処法の説明もしておくべきでしょう。もし刺されたらすぐ針を抜き、刺された場所にヨモギやドクダミをつぶして塗り付けると痛みが軽減したという話もあります。

糞害（ふんがい）…

糞害はよく早春に集中します。これは、冬の間に硬くなったはちみつを軟らかくするために、働きバチがどんどん水を運びこむ際、身を軽くするために糞を排出するためです。糞の排出は巣箱から離れた空中で行われますが、その範囲は巣箱からセイヨウミツバチは500m以内、ニホンミツバチは200m以内といわれています。とくに、白いクルマやシーツに向かって脱糞する傾向があります。

そんなミツバチの糞害による近隣トラブルを避けるには、糞害をできるだけ自分の敷地内に抑え込むことが重要です。水飲み場を巣箱の近くに設けたり、巣箱の近くに白い布を垂らしたりすると効果的です。もし、近隣に糞害を出してしまったら、速やかにクリーニング代を負担するなどの対処も大切です。

糞をすることは防ぐことができないので、壁を白くしたり白い布などを垂らし、糞をする場所をコントロールしてやることが大切だ。また、クルマに付着した糞は、クルマ用の虫取りクリーナーをスプレーして、食品用ラップフィルムを被せて５分置くと、キレイに取ることができる。被害を与えてしまった人に、実際にこのような方法を見せてあげることで、感情的なもつれも軽減できる

農家とのトラブル

あまり知られていませんが、農作物の花粉交配のために、野菜や果物を生産する農家は大金を払いミツバチを買い上げたり、借りたりしています。このようなミツバチを用いた花粉交配は「ポリネーション」と呼ばれており、主に、ウメ、リンゴ、カキ、スイカ、メロン、イチゴで行われています（作物によっては、マルハナバチのほうが向いているものもあります）。

こういった、農家との関わりのなかで気をつけたいのは、ミツバチに対する理解の温度差と、農薬です。まだまだ、ミツバチを使い捨てだと思っている農家も多いので、ミツバチの生態などをしっかりと伝え、理解してもらうことが大切です。

もし、ビニールハウス内に巣箱を置く際は、一日の温度差と、湿気の少ないところに置いてもらいましょう。天井の結露が影響しないような造作の工夫も大事です。花が終わるとすぐに農薬の散布が再開されるので、そのタイミングの情報を農家と共有し、農薬の散布前に巣箱を引き上げるようにしましょう。

花の中をくるくると回って授粉をするミツバチ。人工授粉するよりも、熱心に効率的に働いてくれる

飼育者同士のトラブル

ミツバチを飼っている養蜂家同士でもトラブルが起きることがあります。その内容としては、以下が挙げられます。

①蜜源をめぐる争い
②盗蜜による被害と加害

また、セイヨウミツバチを飼っている人と、ニホンミツバチを飼っている人の間にもトラブルが起きます。セイヨウミツバチは生業として飼っている人が多いのに対し、ニホンミツバチは趣味で飼っている人がほとんどです。そのため、セイヨウミツバチの養蜂家には、ニホンミツバチの養蜂家が貴重な蜜源からの集蜜を妨害する邪魔者に見え、もめてしまうという話が数多くあります。養蜂家の数が増え過密となると、①の蜜源の奪い合いになってしまいますが、セイヨウミツバチとニホンミツバチの養蜂家同士のトラブルも、原因の多くは蜜源をめぐる争いです。実際に蜜源が不足しているかは別問題で、多くは感情問題ですが、養蜂家が多いと病気の伝染やはちみつの販売のライバルになるなど、いいことはありません。ミツバチの飼育届出書を出す際に、周りにミツバチを飼っている人がどのくらいいるかを教えてもらえるので、参考のために聞いておきましょう。

②のトラブルは、ミツバチの群れ同士の争いですが、盗蜜にまでエスカレートするとミツバチの群れに大きな被害が出る最悪の結果になることもあります。

一般に、ニホンミツバチよりもセイヨウミツバチの方が攻撃力が優勢です。ニホンミツバチは盗蜜に対する警戒心も薄いため、盗蜜に飛来したセイヨウミツバチを仲間だと勘違いして、巣門を通してしまうことが多くあります。また、ニホンミツバチ同士で盗蜜が起きることもあります。盗蜜は、ミツバチ同士の激しい戦いに発展することがあり、多くのミツバチが刺し違えて死に、巣箱の前にミツバチの大量の死骸が転がっているということもあります。

盗蜜が起きているかどうかを見極めるポイントはいくつかあります。蜜源の少ない時期にはちみつを盗みに来ているミツバチであれば、羽音が甲高く巣箱付近を落ち着かない様子で飛んでいます。また、巣箱から出てくるミツバチのおなかが太くなっている場合は盗蜜の被害を受けている可能性が高く、逆に、入っていくミツバチのおなかが太い場合は盗蜜の加害者になっている可能性があります。

巣門の入り口に石灰や小麦粉を撒き、盗蜜したミツバチに白い印が付くようにする。それが、加害者側の飼い主へのメッセージにもなる。盗蜜が解決しないと群れが餓死して崩壊してしまうので、素早い対応が必要だ。盗蜜するミツバチは健全とはいえない。とくにセイヨウミツバチによる盗蜜被害は甚大なので、加害群の養蜂家に連絡し、大量給餌してもらうように依頼してみるべきだ

逃去対策

ミツバチが群れごと巣箱から逃げ出してしまうことを逃去と呼びます。これは、たいてい、いままで住んでいた巣の居心地が悪くなったために起こります。この逃去についての習性は、セイヨウミツバチとニホンミツバチとで大きく異なります。セイヨウミツバチは、どんなに環境が悪化しても逃去が起きにくく、最終的に群れが崩壊するまでで も、そこにとどまろうとします。そのため、養蜂家にとって飼いやすい性質とされています。

一方のニホンミツバチはとても神経質といわれ、気に入らないことがあると逃去する傾向があり、原因の居心地の悪さを放置しておくと、ある日突然巣箱から姿を消してしまうことがよく起こります。逃去の原因として考えられるのは、

①餌不足
②スムシの食害やスズメバチの来襲
③女王バチの不在
④内検によるストレス
⑤病気
⑥寄生虫などが挙げられます。

①は、蜜源が枯れた季節に起きやすいので、糖液を給餌するようにしましょう。②は、内検による早期発見と早期の処置が大切ですが、長時間の内検は④にあるようにミツバチのストレスになるので、慎重かつ素早く行うことを心がけましょう。

③が起きると、群れの落ち着きがなくなります。無女王状態になってしまったら、急いで女王バチを育成しますが、それまでは女王バチフェロモンを巣内に入れ、ミツバチを落ち着かせましょう。女王の不在を防ぐためには、交尾から戻ってきた女王バチの片方の羽をカットして飛べなくするのが有効です。これは、練習すればできるようになり、女王バチにダメージもありません。⑤⑥については、次ページ以降で紹介する病害虫の対処法を学び、実践することで予防しましょう。スムシには、スムシの幼虫を選択的に死滅させる「B401」（BT剤）という生菌薬をスプレーするのが有効です。

◀「女王バチフェロモン」は、ポリネーション時に無王状態でも働きバチが働いてくれる。2枚群で50日、3枚群で70日ほど効果が持続。10本入り4,500円（税別）

▶「蜂児フェロモン」はミツバチの花粉収集の働きをよくさせるために効果的。増群、訪花の活性化が期待できる。10本入り6,000円（税別）

分封群の誘引に効果抜群の人工キンリョウヘンは、実は逃去防止にも役立つ。巣箱内の最上部に設置し、大量の糖液給餌も組み合わせることによって群れが定着し、逃去しにくくなり、巨大な群れへと育成しやすくなる

問）有限会社 俵養蜂場 TEL.0794-63-6617
（女王バチフェロモン、蜂児フェモン）／
藤原養蜂場 TEL.019-624-3001（人工キンリョウヘン）

ミツバチの病気と被害の対処法

Trouble Shooting

日本では、養蜂されているミツバチは家畜として扱われます。そのため、家畜伝染病予防法の定めに従い、ここで紹介する病気が発生したら、家畜衛生保健所に報告する義務があります。

腐蛆病（ふそびょう）

腐蛆病は「アメリカ腐蛆病」と「ヨーロッパ腐蛆病」の2つが存在します。群れの構成バランスが悪く掃除能力の弱った群れに発症する傾向があるといわれていますが、ニホンミツバチには罹病（りびょう）した例はほとんどありません。セイヨウミツバチにもあまりしませんが、罹病してしまうと大きな被害が生じます。

アメリア腐蛆病に罹病すると、幼虫が納豆のような糸を引く状態になり、巣内がネバつきます。ヨーロッパ腐蛆病に罹病すると、巣から酸っぱいにおいがするので、この兆候が出たら要注意。とくにアメリカ腐蛆病は被害が大きくなりやすく、フタがされた巣房の中で幼虫やサナギが腐って死んでしまい、巣房のフタが黒ずんで凹み、不整形な穴があいたりします。

罹病させない基本は、バランスのよい強い群れをつくり抵抗力を高めること。予防にはアピテンという抗生物質が有効です。薬局で購入できる健康食では、「α-シクロデキストリン」が配合されている乳酸菌入りのものがアメリカ腐蛆菌の殺菌に効果があるとする論文もあります。

糖液に混ぜて給餌すると群れが健康になり、水で20倍に薄めてスプレーするのも有効です。

法定伝染病

- **アメリカ腐蛆病**
- **ヨーロッパ腐蛆病**

1955年に法定家畜伝染病に指定されたため、感染を確認したら近くの家畜保健衛生所に届け出る必要があります。家畜伝染病予防法は、家畜の伝染性疾病（伝染病）の発生の予防、および蔓延の防止について定めた法律で、発病群は、一部補償はありますが、焼却処分の対象になるのでしっかり予防しましょう。同じ養蜂場のほかの群れも、獣医師に処方してもらうことが普及するべきと、私は考えています。

届出伝染病

- **チョーク病**
- **ノゼマ病**
- **バロア病**
- **アカリンダニ症**

これらの病気が発症した場合には、最寄りの家畜保健衛生所まで報告する必要があります。

チョーク病

チョーク（ハチノスカビ）病は真菌（カビ）の一種であるAscophaera apisによって起きる怖い病気です。真菌の胞子が孵化後3〜4日の幼虫の体内に入って感染。幼虫がミイラ状になり、チョークのように白色や灰色に固まってしまうことから、このような名がついています。ニホンミツバチはこの病気にほとんど無縁ですが、セイヨウミツバチは時々罹病します。

巣門前に麦粒状に白くミイラ化している幼虫が捨てられていたら、この病気を疑う必要があります。日本での発生は比較的多く、1999年に届出家畜伝染病に指定されています。

予防策としては、第一に湿気の多い環境にしないことです。病原菌のAscophaera apisは、30℃以下の多湿な環境で繁殖しやすいので、巣箱を風通しのいい場所に置くことが大切です。とくに気温が下がる冬場は感染のリスクが上がるので、巣箱が乾燥するよう徹底しましょう。

現在有効な指定薬剤はありませんが、養蜂家の間では巣脾枠の上にヒノキの葉を枝ごと置いて蓋をするのが有効とされています。これを1週間に1回ずつ取り替えることで、群れが健全化することが多くこれはヒノキに含まれるテルペンの殺菌作用によるものだともいわれています。

巣箱の下に落ちている白い粒がチョーク病にかかったセイヨウミツバチの幼虫

ノゼマ病

ノゼマ病は、ノゼマ原虫が病原体で、届出伝染病に指定されています。寄生すると下痢のような症状が出ます。清潔好きで、普段は巣箱の中では糞をしないミツバチが、巣箱の内外を糞で汚すようになります。ニホンミツバチはほとんど心配ありませんが、セイヨウミツバチは発症することがあります。巣箱周辺を徘徊してたり、巣門の近くで死んでいたりする働きバチが目についたら、この病気を疑う必要があります。

現在、日本の薬事法で効果が認められた薬剤はないので、湿気を避け、群れの勢いを保ち予防することが大切です。万一、寄生が疑われる場合、巣箱の汚染除去か交換が必要です。

麻痺病（まひびょう）

春から夏によく発生する麻痺病ウィルスによる病気で、発症すると胸部背面と腹部の体毛が脱落し、ツヤのある黒っぽい見た目に変わります。体や羽を弱々しく痙攣させるようになり、門番をする仲間のミツバチのボディチェックで、巣内に戻ることを許されなくなり冷えて数日のうちに命を落とします。

ウイルスはミツバチヘギイタダニが媒介します。現在、効果のある薬剤は存在していないので、媒介者であるミツバチヘギイタダニの抑制と発病した個体を除去して感染の拡大を防ぐことが大切です。一部の個体にしか症状が現れないため、気づかないうちに治癒していることもあります。

バロア病

ミツバチヘギイタダニという外部寄生性の吸血ダニに寄生され、ミツバチがサナギのときに体液を吸われると、羽化できなかったり羽が伸びなかったりします。ミツバチヘギイタダニは赤褐色の1mm程度のわずかに目視できる小さなダニです。数回産卵するので繁殖力が高く、大量寄生によって蜂群へのダメージを与えます。ニホンミツバチの場合は、仲間同士でグルーミングしてミツバチヘギイタダニを払い落とせるので重大な病状には至りませんが、セイヨウミツバチにはできないので注意が必要です。

日本国内で許可されているミツバチヘギイタダニに有効な薬剤は、アピスタンとアピバールの2種類。しかし、ダニはすぐに薬剤に対する耐性をつけるので、交互に使用すると有効で、春先から夏にかけてはアピスタンを、秋口にアピバールを使っている養蜂家が多いようです。最近は、乳酸や※蟻酸（ぎさん）を使用する人も増えていますが、蟻酸は強い酸性のため、取り扱いには注意が必要です。

ダニは雄バチのサナギに集中しやすいので、雄バチの人工巣礎を入れて雄バチのサナギごと巣箱の外に出して退治すれば、薬剤に頼らず対処できます。

中央にいる細くて羽が縮れてしまっているミツバチをよく見ると、体に小さなダニがいるのがわかる

※蟻酸は欧州や米国のオーガニック養蜂でも使用されています。

アカリンダニ症

アカリンダニはホコリダニの一種です。メスダニは気管壁に5～7個の卵を産み、孵化した成虫は11～15日くらいで成虫になり、若い働きバチに寄生します。気管に入ると口吻を気管壁に刺し、体液を吸います。1匹につき十数匹程度の寄生であればとくに影響はないとされています。しかし、100匹以上に増殖するとミツバチは飛べなかったり、体温調整もうまくできなくなり、越冬に失敗しやすくなったり、巣門から這い出してきて周辺を歩き回りながら死んでしまいます。

日本では秋から冬にかけて発生することが多いようです。原因となるアカリンダニは、日本ではセイヨウミツバチにはほとんど寄生しません。ニホンミツバチに多く寄生するので、ニホンミツバチを飼っている人は要注意です。

日本では2010年に初めて寄生が確認され、全国的にニホンミツバチを中心とした被害が急増しています。感染経路は不明ですが、盗蜜によって巣から巣へと感染する可能性があり、一年で50km以上広がる例があるので、近くに感染した群れがいたら要警戒です。

現在、有効とされているのはアピバールとL・メントール。それとショートニングと砂糖（1：1）をパテ状にした食事を与えると、防止効果があるといわれているので、試してみる価値はあります。また、蟻酸とシュウ酸も効果があるという報告もあります。

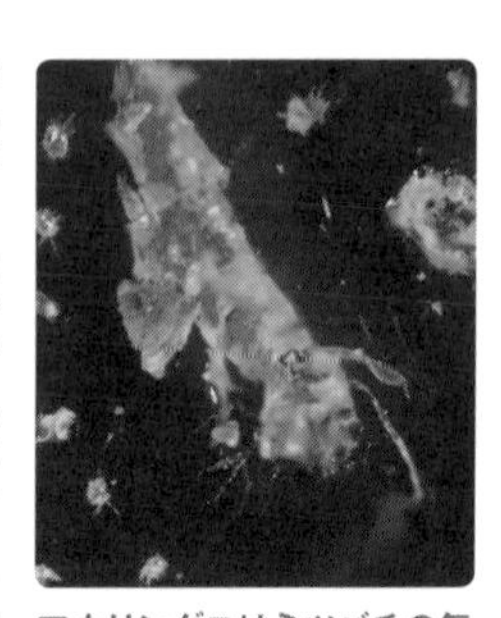

アカリンダニはミツバチの気管内に寄生するため、肉眼では発見できない

タイサックブルード病

タイサックブルードウイルスにより発症する病気で、感染した幼虫は袋状になり、頭部側には水がたまりブヨッとした透明な状態になるといわれる。この病気は「子捨て病」とも呼ばれているとおり、感染した幼虫は働きバチによって巣の外に捨てられ、命を落とします。捨てられる幼虫は大量になり、群れの数が回復することなく、ほとんどの場合群れが崩壊してしまう恐ろしい病気です。

1980年代にアジアでは消滅したかと思われたが、10年前あたりから日本や韓国での感染が見られる

ある心優しい養蜂家は、働きバチの負担を少しでも軽減するために、この症状が発生したら、巣箱の底板ごと交換し焼却しているといいます。働きバチは昼夜幼虫の遺棄に追われ、体力が失われ、集蜜が滞り群れの勢いが衰えてしまうからです。

病気に強いとされているニホンミツバチですが、近年、九州から西日本にかけて感染が広がっており、多くの養蜂家を悩ませています。現在、最も効果的な健康エキスとしては、故、大楽院 登氏が開発したミツバチの免疫向上用飲料「ヘルプビー」があります。またセイヨウミツバチの幼虫やサナギと一時的に合同群にすると治るという報告もありますが、ある程度技術が必要ですので著者にお問い合わせ下さい。

ミツバチに被害を与えるウイルス

タイサックブルードウイルスのほかにも、ミツバチに被害を与えるウイルスはいくつも存在します。そんな、要注意のウイルスを紹介します。

イスラエル急性麻痺ウイルス

最初イスラエルの養蜂場で見つかったウイルスで、麻痺病と似た症状が現れます。このウイルスも、ミツバチヘギイタダニが媒介していると考えられています。

遅発性麻痺ウイルス

イギリスのミツバチヘギイタダニが寄生していた群で、死亡した働きバチと幼虫から見つかっています。死亡前に肢先が麻痺するようですが、あまり詳しいことはわかっていません。ミツバチヘギイタダニが媒介すると考えられていて、いまのところイギリス以外では確認されていません。

黒色女王蜂(ほうじ)児病

黒色女王蜂児病ウイルスは、女王バチの幼虫やサナギの段階で発症します。王台の色が、茶色から黒色に変わり、王台の中で死亡します。死んだ女王バチの幼虫やサナギは、淡黄色から黒色へと変化して皮膚は堅くなり、袋状になります。日本での発生状況など詳しいことはわかっていません。

オオスズメバチ

オオスズメバチはミツバチの天敵です。オオススメバチに複数で襲われると、ミツバチの群れは3時間ほどで崩壊してしまいます。ニホンミツバチは集団で尻振りダンスをしてオオスズメバチを威嚇し、すきを見て一斉に襲いかかってオオスズメバチを包み込み、蒸し殺すなどして対抗できますが、数匹以上で襲われると負けてしまいます。来襲しやすい8～11月はとくに攻撃性が高いので、注意が必要です。

そんなオオスズメバチの脅威から群れを守る鉄則は、オオスズメバチの群れに巣箱の存在を知られないことです。まず大切なのは、オオスズメバチを見つけたらすぐに捕獲すること。虫網で捕獲したら凍殺スプレーを吹きかけ気絶させます。20秒ほどすると復活してしまうので、その前にはちみつに漬ければ、はちみつの滋養が増して一石二鳥です。

最もよく使われるのは、スズメバチ捕殺器と粘着剤です。スズメバチ捕殺器を巣門の前に置いておけば、ミツバチは通過できますがオオスズメバチは通過できず囚われ、1～2日もするとエネルギーが切れて死んでしまいます。しかし、ミツバチの巣門の出入りもしにくくなり、餌の減りも早くなるので、期間限定で使用するのがよいでしょう。捕殺器内を通過しようとしたミツバチが、数多くスズメバチに殺されることもあります。組み合わせとして粘着剤を巣箱の上に置いておくと、誘引されるように次々にオオスズメバチを捕獲できます。粘着剤はネズミ捕り用でも使えます。

「日本在来種みつばちの会」の会員の菊田氏が発明したスズメバチバリアーも優れモノです。これは、巣門の前に垂らした糸にオオスズメバチの羽がぶつかりホバリングできなくなり、ミツバチを補食できなくなります。これなら、あまりミツバチの出入りの邪魔にもなりませんが、オオスズメバチにはあまり効果はありません。また、巣箱の工夫も効果的です。現代式縦型巣箱は、スズメバチ対策として巣門のサイズを狭くしていますが、スズメバチに狙われても巣箱から出入りできるように、後ろにも出入り口を設けています。

凍殺スプレー

手前のスズメバチは凍殺スプレーを吹きかけた直後の様子。カチカチに固まり動かなくなる

スズメ蜂補殺器

スズメバチが侵入したら上のかご部分で捕まえる仕組み。秋～夏の使用に限定するとよい

スズメバチバリアー

単純な仕組みだが効果が高い。画鋲で簡単に取り外せる仕組みになっている

粘着剤

次から次へとおもしろいように獲れる粘着シート。薬品を使わないのが優れた点だが、地域によっては小鳥が捕らえられないように低い屋根を付けなくてはならないところもある

スズメバチをおびき寄せる発酵ジュース

発酵ジュースには、主に、春から初夏のまだ群れを築いていないスズメバチの女王が誘引されます。この段階でスズメバチをたくさん捕獲しておけば、その夏、巣箱の近くにスズメバチの巣が少なくなるはずです。

発酵ジュースを仕掛けるのは4～7月頃。アルコールとバナナやリンゴなどの果実を混ぜたジュースをペットボトルに入れ、少しだけ切り込みを入れておきます。ジュースの発酵が進むと、においが遠くまで伝わり、スズメバチの女王がおびき寄せられるので、確実に捕獲しましょう。

巣箱から少し離れた場所の木にぶら下げておくとよい。アルコールを入れることによってにおいが遠くまで飛ぶ

スズメバチはミツバチの3倍近くも大きく、何回でも毒針を刺すことができる。早い時期に対処したい

スズメバチも無駄なく利用しよう! スズメバチのはちみつ漬け

スズメバチのエキスは、筋肉痛の特効薬になるという論文が発表されたり、マウス実験では記憶力が向上し、認知症が軽減したり、不整脈にも効果がある可能性が噂されており、かなり高値で取引されています。

そのつくり方は簡単で、捕獲し凍殺スプレーで凍らせたスズメバチをはちみつに3カ月漬け込むだけ。はちみつだけでなく、焼酎やウイスキーに漬けるのもおすすめです。古老の話によると時間が経過するほど色が深まり薬効も高まるのだとか。焼酎漬けは疲労回復、美肌、滋養強壮に利用され、1日大さじ1杯（15g）飲むのが適量とのことです。

1～1.5ℓのはちみつの中にオオスズメバチなら20匹、コガタススズメバチやキイロスズメバチなら50匹ぐらいが理想。巣箱の近くに置いておいて、確保したらすぐにはちみつ漬けにしよう

グロテスクな見た目だけれど、効果は高く、冷え性や風邪対策として女性に大人気。はちみつだけいただいて、スズメバチ自体は口には入れない

スムシ

スムシはミツバチの巣を食害するハチノスツヅリガ、もしくはウスグロツヅリガの幼虫です。蜜蝋でできている巣や花粉を栄養源にして生きています。セイヨウミツバチの場合は蜜蝋のほかにプロポリスを出して巣を固めているのでスムシへの対応能力が結構ありますが、ニホンミツバチは数匹のハチノススズリガのスムシが発生するだけで大きな被害を被ります。

　発生しやすいのは夏。巣箱の底にゴミがたまると、スムシが繁殖してはい上がってきて、巣をボロボロにします。こうなると、働きバチの労働意欲や女王バチの産卵意欲が減少し、群れの勢いが衰えてしまいます。予防には巣箱にゴミをためないようにすることが大切です。もし発生してしまった場合は、巣の底の板に熱湯をかけて消毒するか、B40I（BT剤）を散布しましょう。

被害

白い繭をつくるハチノスツヅリガ。その名のとおりハチの巣を綴っている

花粉や蜜蝋を食べて白く丸く太っているスムシ。実は釣り餌として重宝されている

クマ・イノシシ・ハクビシン・テン・アナグマ

ミツバチの巣には栄養価の高いはちみつがあり、幼虫もいるので、クマにとっては大変なご馳走です。クマは巣箱の外側を壊し、中から巣板を1枚ずつ取り出して食べます。

　巣箱がクマに襲われているのに気づいても、銃などがなければ対処のしようがないので、悔しさでいっぱいになります。サルやイノシシ、ハクビシン、テン、アナグマもクマと同様の被害をもたらします。そうならないためには、やはり対策が必要です。

　最も有効的な手段は、巣箱の周りに電気柵を張り巡らせることです。サルはサル用のネットも併用します。柵に触れると電流が走り、確実に巣箱に近寄らなくなります。電気柵はバッテリータイプとソーラータイプがあります。使用する際には、バッテリー切れや故障で抑止効果を失わないようにこまめにチェックすることが大切です。また、人が接触しないように立て札などの設置も忘れずに。このほかにも、地域の猟友会に協力してもらい、養蜂箱の付近に捕獲用の罠を仕掛けて、養蜂場や人間が怖いものだという認識を植え付けるのも効果的です。

藤原養蜂場で実際に使われている電気柵。このようにしてからクマ、アナグマの被害がなくなった

ツバメ・ネズミ・モグラ

ツバメは飛行中のミツバチを大量に補食します。ツバメ対策に効果的なのは、高音の出る花火や爆竹をツバメの飛来時に使用し、音で威嚇するというもの。こうすると警戒して巣箱の近くに寄ってこなくなるといわれています。

ネズミは巣箱を襲って巣枠を破壊したり、巣房にためた花粉部分を補食したりといった被害を及ぼします。ネズミ対策には、地面から40～50㎝の一本足の杭を立てL字金具などで大板の台を取りつけ、その上に巣箱を固定します。台がネズミ返しとなりネズミの被害を防ぎます。しかし、雪が杭を越えて積もると動物が巣箱に到達してしまうこともあるので、注意が必要です。モグラの仲間のトガリネズミは、巣箱の7㎜ほどの巣門を横伸びしてくぐったという話もあります。そうならないために、トタンのような硬いもので出入口に7㎜メッシュの金網を当てがいガードしたほうがよいでしょう。

巣箱の下の大板がネズミ返しとなり、ネズミが巣箱に上がってこられなくなっている

ネオニコチノイド系の農薬について

現在、働きバチが女王バチや幼虫を残して巣に戻らない「蜂群崩壊症候群（CCD）」と呼ばれる現象が、世界中で起きています。1990年以降頻発しており、その原因が複数議論されていますが、とくに問題視されているのが「ネオニコチノイド」系の農薬です。

これは、タバコに含まれるニコチン状につくられた物質で、昆虫の神経伝達を狂わせて死に至らしめる効果があります。畑や水田だけでなくペットのノミ取りなどに広く使われ、私たちの身近に浸透しています。

2005年には、私の養蜂場で100群を超すセイヨウミツバチの半分以上が巣箱周辺で死ぬという現象が起きました。ミツバチは舌を出して苦悶したまま死んでいるという、通常ではありえない状態でした。その時期は、岩手県下でネオニコチノイド系農薬が散布された時期とぴったり重なっており、民間の研究機関の調査で、ミツバチの体内からネオニコチノイドが発見されました。

ネオニコチノイドは水に溶け作物に吸収されやすく、殺虫効果が長時間持続します。その半面、人体に悪影響を及ぼすという指摘もあり、ネオニコチノイドの使用が開始されて以降子どもたちの発達障害が増えているというデータもあります。

ネオニコチノイド系農薬の使用は、現在100カ国以上まで広がっていますが、近年、世界的に使用を縮小する動きも出ています。農業や養蜂が盛んなフランスでは、2018年までに使用を禁止することが決まり、オーストリア、スウェーデン、カナダ、アメリカ、韓国、台湾でも使用制限を経て、禁止への道のりを模索しています。動きが鈍かった日本政府も2016年末に農水省から農薬規制も含めて「必要な措置を検討していく」旨のコメントが出されており、今後の動きが大変気になるところです。

あると便利な養蜂アイテム

「藤原養蜂場」や「日本在来種みつばちの会」が販売している養蜂用品のほかにも、養蜂家にうれしいさまざまな裏技的小道具を取り扱っているのがアピです。その中から筆者おすすめのアイテムを紹介します。

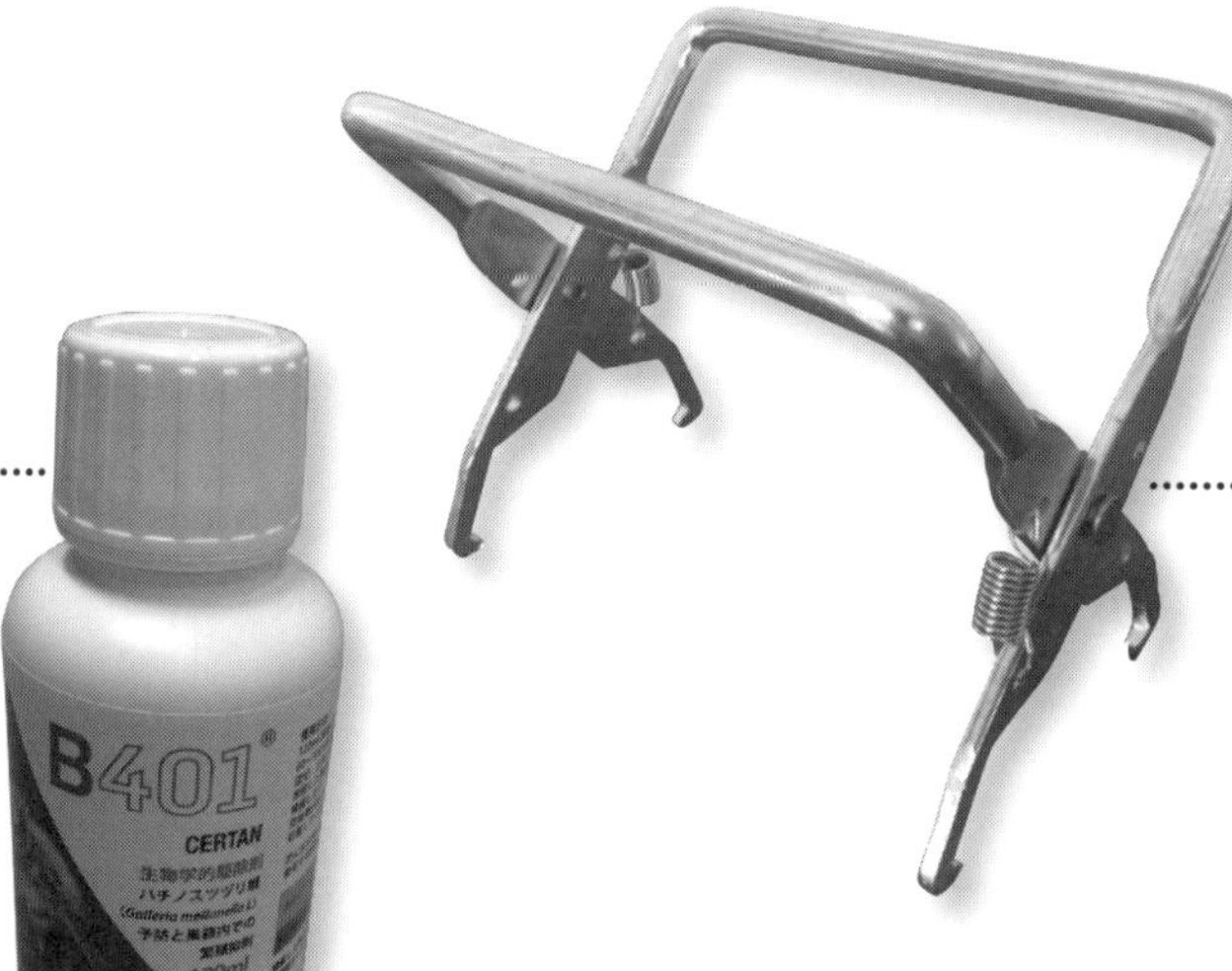

アイテム❸
スムシ予防剤
（120mℓ）

3,500 円
問）日本在来種みつばちの会
スムシ予防に効果あり。希釈して巣脾全体にスプレーで散布する。巣脾 80 枚分の内容量になっている。
※価格は正会員価格

アイテム❶
枠つかみ器

1,950 円
問）アピ㈱
はちみつでベタベタしている巣枠でも、滑らずにしっかりとつかめる。手で持つより刺される危険が大分軽減される

アイテム❹

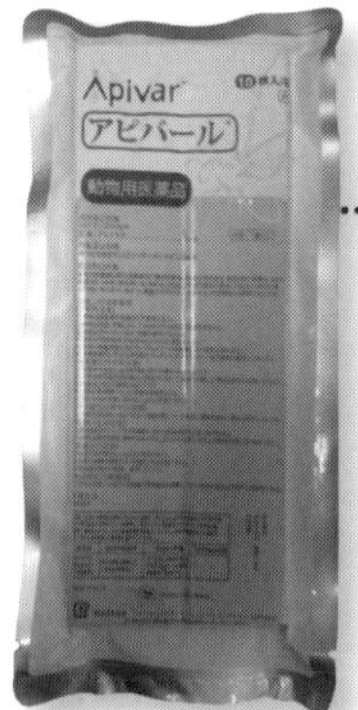

アピバール
（1袋 10 枚入り）

3,100 円～
※購入数によって価格が異なります
問）アピ㈱
動物用医薬品のミツバチ寄生ダニ駆除剤。多くの養蜂家が利用している薬

アイテム❷
フレームスペーサー
（10 本入り）

1,200 円
問）アピ㈱
巣枠を均等に配置できる。フレームで固定すれば、ミツバチをつぶすことも減る。セイヨウミツバチ用。ニホンミツバチ用は藤原養蜂場で発売中

アイテム❺
L メントール結晶体
（25g × 4 個）

1,389 円
問）藤原養蜂場
アカリンダニやヘギイタダニを寄せ付けず効果抜群。
約 4 ～ 6 ヶ月分で、別売りで 100g 入りもある

問）アピ株式会社 TEL.058-271-3838 ／藤原養蜂場 TEL.019-624-3001

chapter 4

ミツバチからの恵み

人間も含め、多くの生物はほかの生物の命を奪いながら生きています。しかし、ミツバチは花蜜を吸いながら花粉媒介者として働き、命を奪わず生活しています。はちみつやローヤルゼリー、プロポリスなどを授けてくれる天使のようなミツバチの恵みに、感謝したいですね。

はちみつとは

非加熱の生のはちみつは、栄養がいっぱい。甘味料としてだけでなく健康にも役立ちます。毎日スプーン1杯のはちみつを摂取するように心がけませんか？

はちみつに含まれる成分

有機酸
強い殺菌力で腸内環境を整えるグルコン酸、クエン酸が、美肌の維持や疲れにくい体にしてくれる

糖
エネルギー源となるグルコースやマルトースが含まれている。乳酸菌を増殖させる働きも

酵素
食べ物の消化をサポートしたり、栄養の吸収をスムーズにしたりする効果があるとされている

ビタミン
筋肉の成長を補助する働きや、脂質の代謝を促すなど美容によい成分が含まれている

アミノ酸
体を形成するうえで欠かせない栄養素。筋肉維持やタンパク質を合成する役目などがある

ミネラル
身体をつくり、生体機能の調整をする。ナトリウム、リン、鉄、カルシムなどが含まれる

ポリフェノール
植物に含まれる化合物で、強力な抗酸化作用と抗菌、殺菌作用があるとされている

一匹のミツバチが生涯に集める蜜量は？

私たち人間がミツバチから分けてもらっているはちみつは、とても貴重なものです。成虫になってからのミツバチの生涯は約１カ月と短く、花蜜を集めるのはそのうちの１週間だけで、集めたはちみつはティースプーン１杯にも満たないのです。

採蜜係のミツバチが花芯から吸い上げた蜜は、おなかにある「蜜胃」と呼ばれるタンクにためて巣に持ち帰り、巣で待機している貯蜜係のミツバチに口移しで渡します。貯蜜係のミツバチはそれを口から巣房に吐き戻すのですが、こうしてミツバチの体を数回通すうちに、花蜜の主成分であるショ糖が体内の唾液酵素によってブドウ糖と果糖に分解されます。この時点では糖度が低いのですが、ミツバチが懸命に羽ばたきをし、蜜に風を当てて水分を飛ばします。花の蜜は平均して約60～70％もの水分が含まれていますが、水分が20％近く減るまで蒸発させて濃縮させるのです。濃いはちみつが巣房いっぱいになると、ミツバチは横腹からロウを生産し、巣房に薄い膜状の蜜蓋をして、はちみつを完成させます。

おいしくて薬効もある不思議なはちみつ

はちみつと人類のつながりは古く、５千年も前のエジプトではミツバチが王位のシンボルだったり、古代エジプトの医学文献『パピルス・エベルス』には、軟膏や湿布薬、坐薬などへのはちみつの活用について記されていたりします。また、イスラム教の聖典『コーラン』には「ミツバチの腹から人間の薬になるさまざまな飲み物が出る」というような記述もあったり、キリスト教では「はちみつの甘さはキリストの無限の慈悲を象徴し、ミツバチの針は最後の審判の罰にふさわしい」と考えられていたという記述も。このように、はちみつと宗教は密接な関係にあるのです。

はちみつの薬効の中で、代表的なのが抗菌性。以前大きな火傷をした私の娘に、すぐはちみつとヨーグルトを混ぜ合わせたものを傷口に塗ったところ、驚きの回復を遂げました。これは傷口に雑菌が繁殖するのをヨーグルトとはちみつの殺菌力により制して、さらにグルコン酸の殺菌作用が働いたからだと考えられます。ちなみに、こうした効果が高いのは、天然の純粋はちみつに限ります。安く売られているはちみつの多くは、熱処理をされて、甘みはあるものの、はちみつ本来の健康成分が多く失われたものや、混ぜ物もある場合も。信頼あるはちみつ屋さんで購入するか自分で採蜜したはちみつを使うのが確実です。

体の中からも外からも役立ってくれるはちみつ。役割を知ってこそ、はちみつの大切さを知ることができる

はちみつの薬効を知る

驚くべき薬効をもっているといわれるはちみつ。抗生物質が普及する以前は、世界中の多くの医者がはちみつを外傷の消毒薬として使っていたほどです。

咳が止まらないときは？

はちみつをゆっくり飲み込む

近年のアメリカの研究では、小児用シロップよりも、はちみつのほうが咳止めに効果があるという発表がありました。咳が出るときは上を向き、直接、喉にはちみつが当たるように、長時間とどまらせるよう意識してゆっくり飲み込みましょう。殺菌作用と粘膜保護の作用があるので、時間をかけるほど痛みが軽減されます。咳を抑えるにはトチやケンポナシ、ソバのはちみつがおすすめです。また、塩水200mℓに小さじ1杯の生はちみつをまぜた鼻うがいは覚えるとやみつきになります。

胃腸がつらいときは？

はちみつ＋黒酢＋熱湯

胃腸炎などで胃がシクシクと痛むときにお薦めしたいのが、この組み合わせ。大さじ1杯のアカシアのはちみつと、大さじ1杯の黒酢を、180mℓほどの熱湯に入れてかき混ぜます。まず半分ほどを温かいうちに飲み、症状が改善されるまで、胃には何も入れない状態にします。すると実際に、半日ほどで改善されたという話があります。はちみつも黒酢も抗菌作用があるので、菌を撃退する力が強く働いているのかもしれません。

傷口を治したいときは？

はちみつで潤す

従来の創傷治療は、消毒をして傷口を乾かすというのが主流でしたが、近年は湿潤療法が用いられることが多いです。傷口を乾燥させず、自己治癒能力を生かして、早くきれいに治すための絆創膏も大人気。潤い成分と殺菌成分は、はちみつにも含まれているので、傷口に付けると治りが早くなるというのは医療現場でもよくいわれています。火傷の場合はよく冷やしてからはちみつを塗り、包帯を巻いて様子を見ましょう。

腸内環境を整えたいときは？

はちみつを1日大さじ１杯

デトックス効果が高いといわれるはちみつは、便秘改善にも有効です。はちみつに含まれるオリゴ糖、グルコン酸は腸内の善玉菌の餌になります。善玉菌が増えれば悪玉菌の働きが抑えられ、腸内環境の改善につながります。はちみつを継続的に摂取し、腸内の善玉菌を増やせば、大腸がんの予防にもなるといわれます。１日大さじ１杯のはちみつを飲用することを習慣化しましょう。

はちみつの効用を利用したこんな商品も

ハニープロポリスのど飴

藤原養蜂場で販売しているキャンディは、夏バテやスポーツあとにぴったり。ノンアルコールだから子どもも安心。はちみつやプロポリスに含まれる潤い＆抗菌作用で、喉の痛みも軽減する

問）藤原養蜂場
TEL：019-624-3001

歯磨き粉

プロポリス＆マヌカハニー、ティーツリーオイルが配合された歯磨き粉。口臭や歯周病、口内の粘つき解消にも効果が期待される

問）コサナ
TEL：0120-496-537

目がつらいときは？

はちみつ目薬

インドの伝統医療アーユルヴェーダで使用される目薬の成分はなんとはちみつ。目に異物が入り、眼球を痛めてしまったときなどにお試しを。点眼は清潔な綿棒を使って下まぶたに付けて瞬きをして馴染ませます。最初は刺激を感じて涙が流れ、目が赤らみますが、数分経つとすっきりとし、清々しさを感じることでしょう。傷だけでなく眼精疲労にも効果があるとされています。ただし、アレルギーがある方は控えるか、医師に相談しましょう。

こんな時にもはちみつは役立つ！

・便秘・虫歯・生活習慣病・肌保湿・抗菌
・抗炎症・利尿促進・火傷　etc。…

体調が悪いときや、傷、痛みなどに、幅広く効果を発揮してくれるはちみつ。覚えておきたいのが、必ず天然のはちみつを使用するということ。それによって効果の出方が大きく違ってくるからです

ミツバチからの恵み

ミツバチは私たちに多くの恵みをもたらしてくれます。はちみつという天然の甘味料を与えてくれるほか、美容や健康にいいとされるものもつくり出しています。

女王バチが長生きする理由

ミツバチがつくり出すもので、私たちが有効利用できるものには、はちみつやローヤルゼリー、蜜蝋、花粉、ハチノコが挙げられますが、セイヨウミツバチだけがつくり出せるプロポリスは、さまざまな樹木や草木から集めた樹脂を唾液と混ぜて粘り気のある状態にしたもので、さまざまな研究の結果、がん治療に効果があると多くの研究者が発表しています。

働きバチの寿命は1カ月なのに対し女王は2～3年。それには女王バチが食べ続けているローヤルゼリーに理由があるとされています。最近では農学博士の鎌倉昌樹氏がローヤルゼリーの中のロイヤラクチンという成分が、異種間の生物にも健康・寿命効果があると発表し、話題になりました。

セイヨウミツバチの巣箱につく蜂ヤニ。別名プロポリス。ニッキのような香りを放ち、抗菌作用が高い

女王バチは生まれた直後からずっとローヤルゼリーを食べる。働きバチは生後3日間だけ与えられ、そのあとは、はちみつと花粉だけになる。両者の寿命は驚くほど違う

凄い！

花粉はパーフェクトフードと呼ばれ、人間にとって重要な酵素やビタミンB12をはじめとする補酵素が大量に含まれている。スウェーデンでは、前立腺肥大の正式な薬品になっている

クレオパトラも愛飲していた!?
世界最古のはちみつ酒「ミード」の話

ミードとははちみつを原料とする醸造酒のことで、ワインやビールより1000年以上歴史が古いといわれています。紀元前400年頃の文献によると古代エジプトでは、小麦と大麦、はちみつを原料にしたビールのようなはちみつ酒がつくられていたようです。ビタミン、ミネラルが豊富なので、クレオパトラも美容と健康のために愛飲していたと伝えられています。

強壮作用も高いとされていたはちみつは、大昔、中世のヨーロッパのゲルマン民族に親しまれていました。結婚直後にミードをつくり、1カ月間、夫に飲ませて子づくりに励んだといいます。日本にも、サルが木の洞にため込んだ果実が自然に発酵してできたといわれる「猿酒」も、実ははちみつが含まれていたという話もあるそうです。

ミードクレオパトラ
日本国内で初めて酒造会社が造ったミード。使用しているはちみつはレンゲ蜜100%。
500mℓ /1,100円
問）菊水酒造
TEL：0887-35-3501

ミツバチ酵母ビール「銀座ブラウン」
銀座ミツバチプロジェクトとコラボして誕生した、世界で初めてのミツバチ酵母ビール。通信販売限定商品。
333mℓ 6本セット /3,000円
問）サッピロビール
0120-207-800

今、世界中が注目する新型巣箱
FLOW HIVE【フローハイブ】とは!?

フローハイブとはオーストラリア人が発明した100年に1度といわれる革新的自動はちみつ搾取枠（箱）」。遠心分離器を使わず、巣箱の蓋も開けずに採蜜が可能です。人工巣付き巣枠に特殊な加工が施されていて、下側に筒を差し込んでレバーを半回転すると蜜が流れます。これによりミツバチも巣箱を開けられるストレスから開放され、ほかの巣箱からの病気が移らないのも特長です。

見た目はクラシカルな巣箱。セイヨウミツバチだけでなく、ニホンミツバチも飼えるように改良が進められている

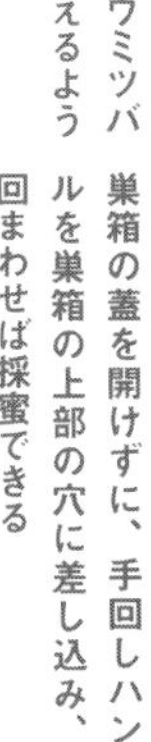

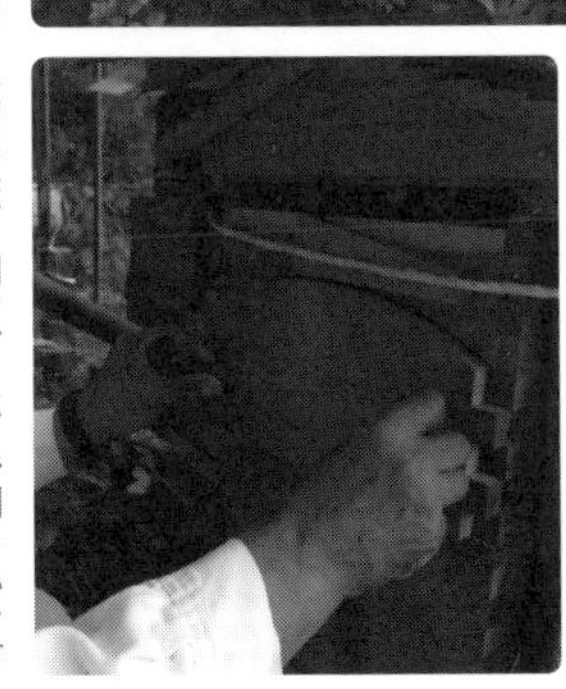

巣箱の蓋を開けずに、手回しハンドルを巣箱の上部の穴に差し込み、1回まわせば採蜜できる

巣枠に透明な筒を通すと、はちみつが流れ出る。手がべとつくこともなく、だれでも採蜜できて清潔だ

採蜜してみよう

採蜜は、雨天時や気温が安定しない日はミツバチは攻撃的になりやすいので、晴天でミツバチが巣箱から元気よく飛んでいくような日に行いましょう。ニホンミツバチとセイヨウミツバチでは採蜜のタイミングは異なりますが、ここではセイヨウミツバチの採蜜方法について紹介します。

必要な道具

採蜜時に使う道具をあらかじめ湯に入れて温める。蜜刀は温度が低いと蜜蓋をカットするときにひっかかり、巣房がこわれてしまう

燻煙器の中にちぎった新聞紙やワラをいれて火をつける。炎を出すとミツバチの羽が燃えてしまうので煙だけ出るように注意する

ハイブツールで巣箱の蓋をそっとこじ開け、そのすき間から煙を入れる。するとミツバチの動きが静かになるのがわかる

巣箱の蓋を開け、全体的に煙が行き渡るようにする。すき間からミツバチが下に降りていったら作業開始

ミツバチを一匹もつぶさない気持ちで巣枠の両端をそっと持ち上げる。すばやく上下させてミツバチを巣門に払い落とす

まだ巣脾にミツバチがついているような場合は蜂ブラシでやさしく払い落とす。作業はすべてゆっくり行う

ニホンミツバチの場合は燻煙器はいらない?

ニホンミツバチは煙を嫌うので、逃去の原因にもなります。ヨモギやドクダミをつぶし、巣箱の縁に付けると、ミツバチがその場所から避けてくれます。手で持って息を吹きかけてもよいです。

ミントガムを噛み、息をフーッと吹きかけても、ニホンミツバチは移動してくれる

温めておいた蜜刀で蜜蓋を切り落とす。角度を付けて力強く行う。切れ味が悪くなったら再び蜜刀を湯で温めてから作業を再開する

蜜蓋が切り落とせなかった部分はクシで刺して穴をあける。こうすると遠心分離器にかけたときにここからもはちみつが飛び出る

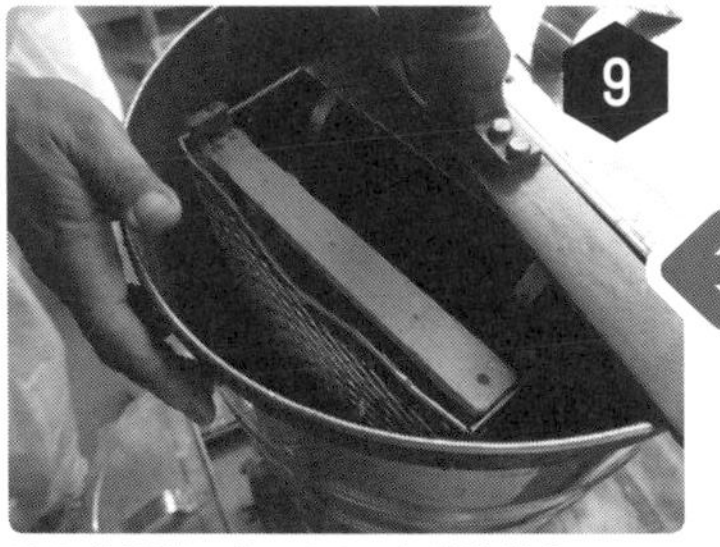

遠心分離器に蜜がたまった巣脾枠をセット。1秒間に1回転が目安。あまり早いと中にいる幼虫が飛び出しやすい

遠心分離器の外側に蜜が飛び散っている様子。出尽くしたら巣脾枠を裏返しにして、再び回転させて反対側のはちみつを採る

遠心分離器の吐出口の下に蜜濾し器をセットして蜜を流し、採蜜するときに混ざったミツバチや花粉、幼虫、ロウを取り除く

蜜があまり採れない場合はそのまま瓶詰めにして保存する。その際、糖度を測っておくことも忘れずに！

群れの維持のために採り過ぎに注意

採蜜のタイミングは、巣房いっぱいにはちみつがためられてから2日～約1週間後。糖度が78～80％ほどになっており、花の香りを強く感じられるはちみつが味わえます。一方、避けたほうがよいのは、蜜源植物が不足する時期や晩秋です。セイヨウミツバチは採り過ぎると飢餓状態に陥り盗蜜の原因になります。また、ニホンミツバチは足が濡れるのを嫌がるので、1枚おきに片面ずつ採蜜しましょう。

分封ははちみつがたまったり、幼虫がいっぱいになったときに起こるので、分封を防ぎたい人は適度に採蜜することが不可欠です。採蜜時は巣箱の中の蜜を全部一気に採ると、巣脾枠全体がはちみつでベトつき、ミツバチが歩きにくくなるので1枚おきに絞ります。また、はちみつはミツバチにとっても大切な保存食なので、2～3日様子を見て、残りの巣脾枠を絞ってもダメージが起こらないか、巣内全体のバランスを考えて採蜜するか判断しましょう。

糖度計を用意して はちみつの甘さを知る

作業はできるだけ早朝に行い、糖度78～80%を目標にしましょう。糖度が低いとはちみつの発酵が進み、味の劣化につながってしまいます。

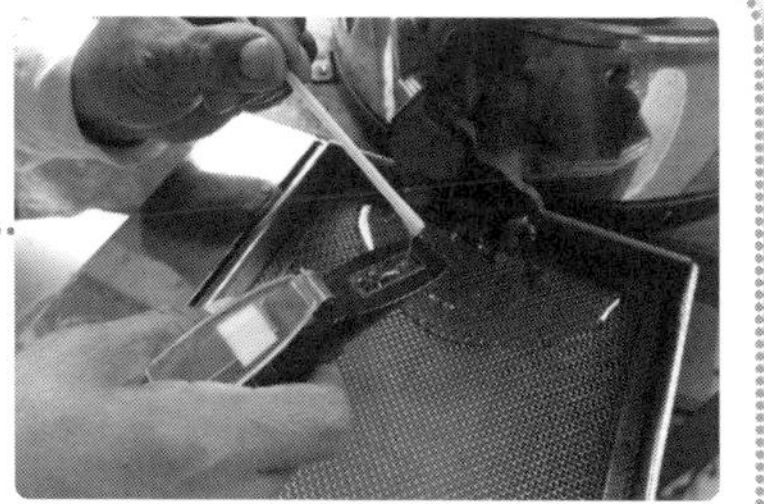

はちみつをのせて光源に向かって覗くと糖度がわかる。数千～数万円のものがある

はちみつにまつわる豆知識

とろ〜っとした口当たりで、奥深い甘みがあるはちみつ。甘味だけでなく自然食としても親しまれています。ここでは知っているようで知らない、はちみつにまつわるエトセトラをご紹介。知れば、いままで以上にはちみつが大好きになるはず！

賞味期限はあるの？

天然のはちみつは、きちんと保存しておけば腐る心配はありません。糖度が高ければ高いほど、殺菌力、抗菌力があるからです。一般的には2〜3年が消費期限と記入されていますが、各業者の判断にすべてゆだねられているのが、はちみつの賞味期限です。とはいえ、そのくらいの年数が経過していると採蜜したての花蜜の香りを楽しむことはできません。時間の経過によって味は変わりますが、それぞれによさがあります。

白く結晶しても大丈夫？

冬になるとはちみつの粘度が高くなり、しばらくすると白く固まっていることも……。はちみつに必ず含まれる糖分である「ブドウ糖」と「果糖」のうち、ブドウ糖が結晶化しやすいです。しかし、劣化したわけではないので、白くジャリジャリした状態でもパンなどにはさむとおもしろい食感や味を楽しめます。気になる方は、60℃以下のぬるま湯に瓶を入れると、風味を損なうことなく溶かせます。

安いはちみつと高いはちみつの違いは？

ミツバチが花などから集めてきた花蜜に、体液を合わせて水分を蒸発させて巣内に蓄えた糖度80%前後の糖液のことを「純粋はちみつ」と呼びます。いろいろな混ぜ物など、劣化要因が加わったものは値段は安く、出回りやすいです。また海外産は人件費の低さで安価になる傾向があります。しかし海外産にも高品質な商品は多数あるので、一概に値段だけで、品質が良い、悪いの区別をつけるのは難しいものです。

加熱はよくないの？

日本で売られているはちみつのほとんどは、高温加熱処理がされています。糖度が上がりきる前の未熟な状態で収穫したはちみつの糖度を上げて発酵させないようにするため。しかし、45℃以上加熱すると香気成分が壊れ、熱に弱いビタミン、酵素は消されてしまいます。ただし、蜂の巣全体を煮込み、ハチノコや花粉なども一緒に食べる「煮蜜」は栄養価が高いといわれています。

セイヨウミツバチとニホンミツバチのはちみつの味の違いは？

セイヨウミツバチのはちみつとニホンミツバチのはちみつの味が異なるのはいくつかの理由があります。セイヨウミツバチは外の世界で花蜜がある場所を発見すると巣に戻り、蜜源の場所をダンスで仲間たちに知らせます。これによってその方向に他の働きバチは飛んでいくため、同じ花の蜜が集められやすく、単花蜜になりやすいのが特徴です。一方、ニホンミツバチもダンスをして蜜源を知らせますが、セイヨウミツバチほどの熱心さではありません。多くの蜂は同じ時期でもいろいろな種類の花を自分の嗅覚を頼りに飛び回りがちなので、花蜜が単一化されにくく「百花蜜」になりやすいです。甘さだけでなく奥深さ、切れのよさも感じられるのが味の特徴です。セイヨウミツバチは遠心分離器を使って、花ごとにその都度、採蜜するのに対し、ニホンミツバチは一年に一度、巣を破壊して（巣枠式ではなく自然巣の場合）採蜜するので、時間の経過により発酵熟成が進み、濃厚な味になりやすいといえます。さらに、ミツバチの消化酵素も味に影響するので、野生の状態のニホンミツバチのほうが共生菌が多く複雑です。同じ種類の花から花蜜を採ったとしても両種、違う味のはちみつになるわけです。

はちみつは赤ちゃんにあげちゃダメ？

1987年に厚生省（現・厚生労働省）から、1歳未満の赤ちゃんにははちみつを与えないようにという通知がありました。生ものには自然界にあるボツリヌス菌が混入するおそれがあり、腸が未発達の赤ちゃんが食べると菌が増殖してしまうからだといわれています。はちみつも生ものですから、他の食事同様、生後9カ月までは食べさせないようにしましょう。

料理ではちみつを使うメリットは？

一番は甘味としての役割です。肉じゃがをつくるときにはちみつを使うと、砂糖やみりんの役割も果たしてくれるので味に奥行きが生まれます。また、はちみつには肉を柔らかくしてくれる酵素が含まれているので、ショウガ焼きをつくるときなどに豚肉を10～20分間、はちみつに漬けてから炒めると、柔らかでジューシーに仕上がります。

はちみつは太りにくい？

精製された白砂糖にはほとんど栄養素がありませんが、はちみつはビタミンやミネラルをたっぷり含んでいます。はちみつは、ブドウ糖と果糖にすでに分解されているので体内分解の必要がなく、内臓への負担もほとんどありません。運動をすると約20分後にはエネルギーへと変わるので砂糖よりも太りにくく、しかも体にうれしい健康成分も多種類入っています。

はちみつの種類と味の特徴を知る

単に「はちみつ」といってもさまざまな花の種類が存在します。また、花だけでなくドングリの実やクヌギの樹液からも、ミツバチは蜜を集めます。独特の風味が付き、それぞれの個性が出たはちみつの味の特徴と、合う料理を知っておきましょう。

ハーブ系
【ラベンダー、ローズマリー、菩提樹など】

さっぱりとしたハーブの香りが強く感じられるはちみつ。ラベンダーやローズマリーは鎮静作用があるとされ、就寝前にお湯に溶かして飲むとリラックスできて安眠効果も◎。アロマ好きな友達にプレゼントすると、とても喜ばれます。

こんな料理が おすすめ！

マドレーヌやアイスなどの洋菓子に使うと、高級感のある味に仕上がります。はちみつの柔らかな甘みとすっきりとしたハーブのさりげなさが◎

樹木系
【アカシア、ハゼ、トチなど】

アカシアはあっさりとしていて癖がなく、多くの人が親しめる味です。トチとハゼは琥珀色で奥深いまろやかな味わいが特徴的で、コーヒーや紅茶にも馴染み、おいしさを深めてくれます。いわゆる一般的な「はちみつ」らしさを求める場合は樹木系がおすすめです。

こんな料理が おすすめ！

いろいろな料理に使える万能はちみつ。みりんの代わりに使うと、コクと照りを出してくれます。常備はちみつとして年中置いておきたいタイプです。

草花系
【クローバー、ヒマワリ、タンポポなど】

草花系は味が多種多様です。クローバー、ヒマワリ、タンポポは控えめな味と香りが特徴ですが、草花系に該当するソバは黒砂糖以上のほろ苦さがあります。全く癖のないレンゲの花は、国内では花の数が減り、希少な蜜源です。

こんな料理が おすすめ

色の薄い草花系のはちみつは、バターと食パンの組み合わせが最高。色の濃いソバはちみつは、香りの強いチーズや、ライ麦パンと相性がいいです。

ナッツ系
【栗、アーモンドなど】

ナッツのはちみつ漬けもよくありますが、ナッツそのもののはちみつも存在します。アーモンドは独特の香ばしさと黒糖のようなしっかりとした甘みが特徴で、栗は渋皮のようなほろ苦さがあり、個性的な香りを楽しむことができます。ブルーチーズとの相性が抜群！

こんな料理が おすすめ！

ライ麦やクラッカー、ドライフルーツとの相性がいいです。パンケーキにつけると、和洋が融合したような新しいおいしさに巡り合えます。

甘露蜜系

【マツの木、モミの木など】

甘露蜜とは、モミの木やマツの木、メープルなどの樹液そのものや、それらを吸い取った昆虫が分泌する甘い液をミツバチが集めた蜜のことです。独特の渋みや香気があり、個性的な味が特徴。甘露蜜は花蜜に比べると、酵素やミネラルが豊富で栄養価も高め。健康食品としても知られていて、とくに色が濃いはちみつほど、効き目があるといわれています。

こんな料理が
おすすめ！

ポリフェノールやオリゴ糖など、健康成分が豊富な甘露蜜。固めの食感で味はカラメルのよう。プリンやパンケーキ、生のフルーツなどとも相性がいいです。煮物の隠し味として使うのもおすすめ。

種類豊富なはちみつから自分の好きな味を見つけよう

はちみつとひと口にいっても、種類は豊富にあります。同じ花の蜜から採れたとしても、国や地域、生産手段によって味は異なります。それは機械的に味を一定化している食品とは異なり、自然の恵みそのものだからです。ここには紹介できていませんが、変わり種のはちみつも存在します。たとえば、ビワやメロンは甘さと植物の個性が際立つ味です。厳密にははちみつといえませんが、最近ではミツバチにブドウジュースやニンジンジュースなどを与え、ミツバチを通したハチミツ状の製品もできています。ここで紹介しているはちみつの特徴を知れば、よりはちみつへの理解が深まるでしょう。

百花蜜

【数種類の草花】

1種類の花の蜜から採れたはちみつを「単花蜜」と呼び、いくつもの種類の花から集められて種類の特定が難しいはちみつを「百花蜜」と呼びます。ニホンミツバチはもともと里山に生息していたので、その地域特有の複数の野草の花から花蜜を集めています。風味豊かで奥ゆかしい味を楽しむことができるほか、地域ごとに味が大きく違い、個性を楽しめます。

こんな料理が
おすすめ！

ニホンミツバチの百花蜜は、貴重かつ高価で、ほとんど市場に出回りません。スプーンでそのまま味わうのが一番ですが、だし巻き卵やくずきりなどの和風料理と相性抜群です。また、かき氷のシロップとしても楽しめます。

フルーツ系

【レモン、ミカン、ベリーなど】

フルーツ系は総じて、爽やかな酸味を楽しむことができます。なかでもレモンはそれがもっとも強く感じられることでしょう。甘ったるいのが好みでない人にはちょうどいいかもしれません。シンプルな食材と上手に組みわせると、一気に華やかな味に変わります。クラッカーの上にチーズ、そしてフルーツ系のはちみつ…。タイで食べたパッションフルーツのはちみつも、忘れられない味わいです。

こんな料理が
おすすめ！

相性が良いのはクリームチーズや、ヨーグルト、スコーンなどの組み合わせ。シンプルなものを引き立たせる役目として活躍させると、おいしさが引き立ちます。ミカンのはちみつはイチゴなど酸味の強い果物にかけると、食のプロも驚くほどマッチングするので試してみてください。

chapter 4 ミツバチからの恵み

はちみつを使ったセルフケア

体の中からも、外からも美容に効果があるといわれているはちみつ。ここでは誰でも簡単手軽に普段の生活に取り入れられる、はちみつ美容法を紹介。さっそく実践してみましょう

クレオパトラも実践していたとされる、はちみつ美容。はちみつを肌、髪、爪などにつけて美しさを保っていたといわれます。また、現代でもはちみつを使用したスキンケア製品は数多く存在し、自然志向の女性たちに愛されています。もし、肌に合わない場合は使用を止めて、医師にご相談ください。

美肌へと導いてくれる

はちみつ化粧水

材料

- レモンの絞り汁（濾したもの）…50mℓ
- グリセリン…45mℓ
- はちみつ…15mℓ
- 無水エタノール…50mℓ
- 蒸留水（またはヘチマ水）…160mℓ
- 生ローヤルゼリー…小さじ1杯

メリット

保湿、美容効果があるといわれているはちみつ&ローヤルゼリー入りの化粧水。藤原養蜂場長の母親が考案したオリジナルはちみつ化粧水レシピです。

ポイント

すべて混ぜ合わせ、液体が均等になるようにします。冷蔵庫で保存し、1年以内に使い切るのがポイント。顔だけでなく全身に使えるので、スキンケアも楽チン

はちみつ入り洗顔もオススメ

保湿成分たっぷりのマヌカハニーと洗浄力に優れたオリゴ糖を配分した泡洗顔。化粧水と合わせて使うと肌がもっちりする。活性酸素除去の力が強いケンポナシのはちみつも使える。

◀マヌカとオリゴの泡洗顔

1,800円（税別）
問）株式会社コサナ
TEL.0120-496-537

ぷるぷる唇に！

はちみつリップクリーム

材料

・はちみつ…小さじ1杯
・ラップ…適宜

メリット

はちみつの保湿効果を生かしたリップケア。空気にさらさずに、じっくりと潤い成分を閉じ込めます

ポイント

唇が乾燥してカサついていたり、割れてしまっているときにおすすめ。はちみつを唇に塗り、ラップを上からかぶせて5分ほど放置。時間のない人はリップクリームやグロスの代わりとしてはちみつを塗るのもOK

保湿効果あり

はちみつパック

材料

・はちみつ…大さじ1杯
・タオル

メリット

保湿効果が高く、準備するものが少ないので、すぐに実践可能です。乾燥する季節は週に2～3回行うと肌質が安定しキメが細かくなります

ポイント

顔全体に天然のはちみつを塗り、その後、ホットタオルを載せて2～3分ほど放置。毛穴が開き、その部分からはちみつの保湿成分が入っていきます。タオルを取ると、もっちりとした触り心地に感動するはずです

身体の中から美しくなる！

はちみつ生姜紅茶

材料

・はちみつ…大さじ1杯
・紅茶…500ml
・生姜…5g
・シナモンパウダー…お好み

メリット

使用する材料はすべて体を温める作用があるので冬場は水筒に入れてぜひとも持ち歩きたいもの。体の温度が上がると肌の温度もアップし、外敵から肌を守る力も向上します

ポイント

生姜はスライスして乾燥させてから使うと、生姜に含まれる「ジンゲロール」という体を温める辛み成分の吸収率が高まります。おいしくて体も温めてくれるという冷え性の女性におすすめです

パサつきから解放してくれる

はちみつヘアパック

材料

・はちみつ…100mℓ
・オリーブオイル…50mℓ
※髪の長さによって分量は要調整

メリット

毛先がパサついたり髪の毛のまとまりが悪かったりする人は、保湿されて扱いやすくなります。指通りもなめらかになり、ドライヤー後もしっとり感が持続します

ポイント

2つの材料をよく混ぜ合わせてから髪の毛に馴染ませていきます。毛先だけでなく、頭皮マッサージもすると頭皮が柔らかくなるのでおすすめ。シャンプー後、これを10分ほど行ってから、リンスをしましょう

chapter 4 ミツバチからの恵み

蜜蝋を採る

ミツバチの体内でつくり出される胃にも肌にやさしい蜜蝋。不純物を取り除けば保湿クリームやキャンドルなどに役立てられます。アトピー体質の方にも安心できる自然塗装材料として、現在人気急上昇中です。

温めた蜜刀で、巣脾枠の蜜蓋をカットする。中のはちみつを遠心分離器にかけて絞り採る（今回は季節の関係上、蜜蓋のみで作業）

巣碑や蜜蓋にはちみつが残っているので、1時間ほど巣箱入り口か、巣箱の中に入れておくと、ミツバチがきれいに舐める

❷の蜜蝋100gに対して、鍋に2ℓの湯を沸騰させ、むだ巣を入れて20分くらい強火にかける

棒でときどきかき混ぜながら溶けるのを待つ。外で作業をする場合はガスコンロの周りに風囲いをすると火が安定する

手ぬぐいを用意し空の一斗缶の上部分にヒモなどで抑え、そこに蜜蝋が溶け込んだ湯を濾す。タオルにある黒いものが不純物

採り方は簡単。用途は多種多様

ミツバチは体内で精製した蜜蝋を使って巣をつくっていますが、このロウには魅力がたくさんあります。たとえば、素焼きの壺の内側に蜜蝋を塗ると、はちみつの味が劣化しないといわれています。また、蜜蝋でつくったキャンドルは、石油パラフィンでつくられるロウに比べ極めて煙が少なく、香りもよいです。キリスト教では、聖書の中で蜜蝋だけを使用するよう規定しているし、ステンドグラスの天井絵の美しさを守るために教会では蜜蝋キャンドルを使っているといいます。そのために教会や修道院の中庭ではミツバチを飼っているところが多々あります。そんな素敵な自然の恵みを生活に取り入れてみてはいかがでしょうか。

濾すときにタオルにロウが付着するので、ハイブツールなどでロウを採り、濾したあとの湯の中に入れて無駄にしない

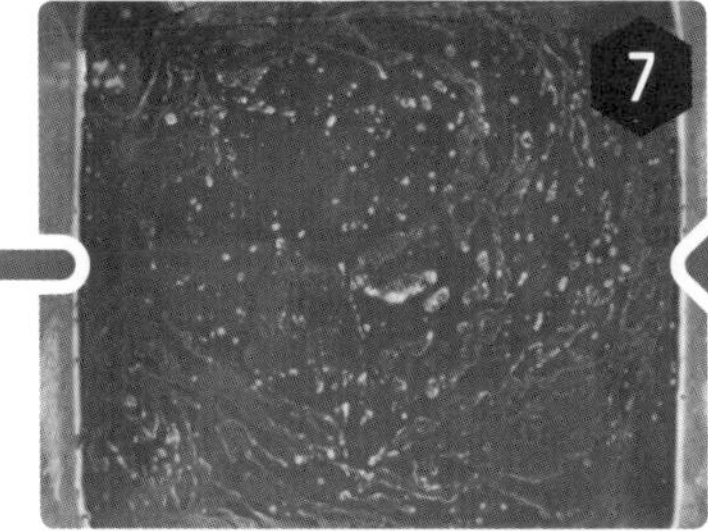

濾した直後の蜜蝋入りの湯の状態。ここから数時間は動かさず冷やす。湯が冷え、表面に蜜蝋が固まるまで待つ

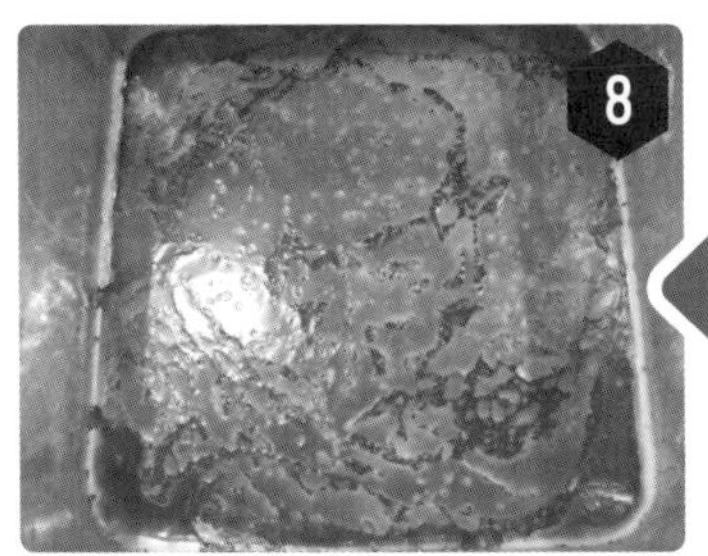

今回は使用したロウが少量だったため、2～3時間という比較的短時間で固まった。このように表面に張っている膜が蜜蝋だ

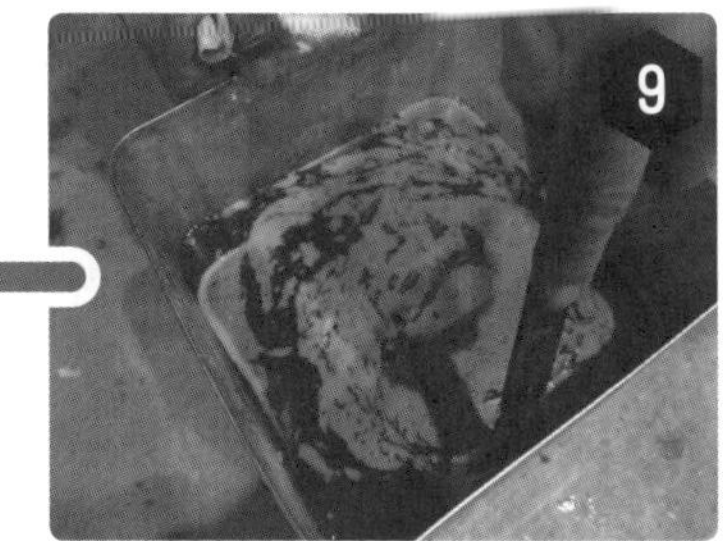

蜜蝋を取り出す。裏側にはゴミ（花粉や幼虫の残骸）がついているので、タワシなどでこすり落とす

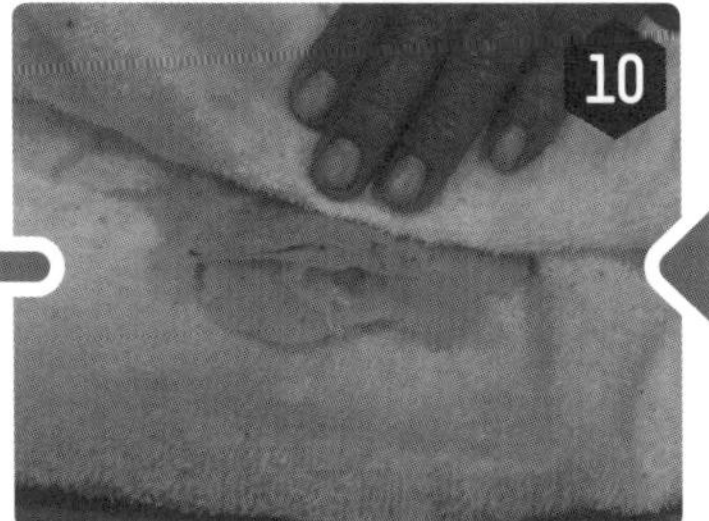

蜜蝋についている水気をタオルでしっかりと拭き取り、容器に移す。ここから固形にしていく作業に入っていく

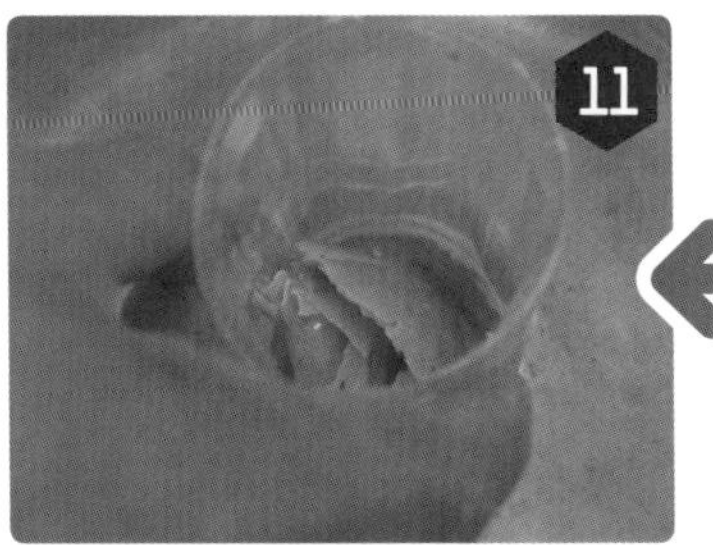

今回は使用する蝋の量が少なかったため、ペットボトルを半分にカットして容器として使用。中に先ほどの蜜蝋を入れる

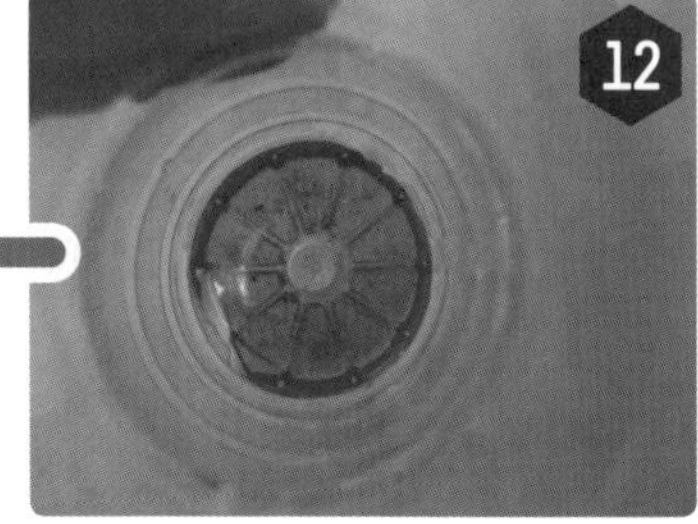

固形にするために、再び湯せんをして蜜蝋を液体にする。ゴミがまだある場合はコーヒーフィルターなどを使って濾す

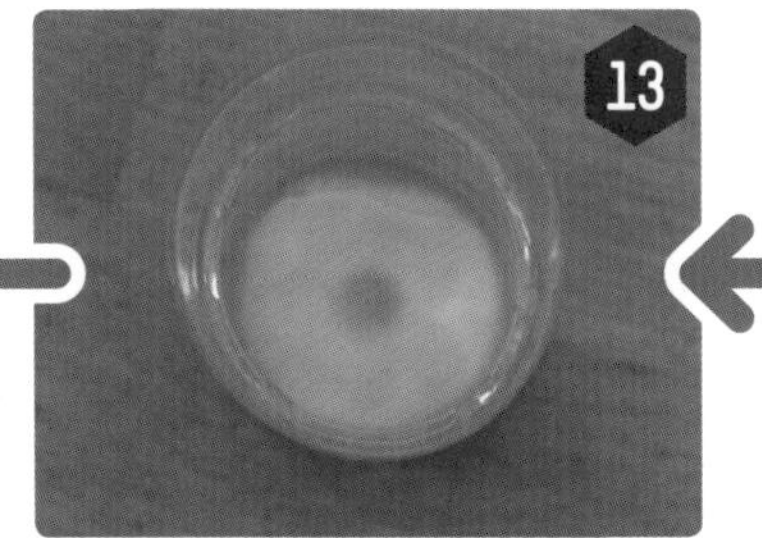

冷えて固まるとクリーム色に。このとき、好きなデザインのシリコンモールドの型を使うことも可能。仕上がりもよりよくなる

温度が下がり、固まり、容器から取り出した状態。よく売られている蜜蝋の状態がコチラ。このまま床のワックスとしても使える

蜜蝋の活用法

市場では20g1,000円前後で流通している。ニホンミツバチの場合は希少性が高いので約3倍の価格になる（藤原養蜂場にて販売）

蜜蝋を加工すると保湿性の高い石けんやリップクリームなどのアイテムになります。最近オーストラリアで商品化されたのは布に蜜蝋を塗り、ラップフィルム代わりにしているアイテムです。抗菌作用＆通気性に優れています。蜜蝋があればだれでもつくれるので、好みの布を用意してつくってみてもよいかもしれません。ほかにも竹に蜜蝋を含浸させると、酒が永久的に漏れない竹コップになるなど、蜜蝋は工夫次第でさまざまなシーンで活躍しますよ。

自分で簡単にできる！

蜜蝋でつくる癒しアイテム

ミツバチが生産するもので、はちみつ以外に蜜蝋というものもあります。天然成分１００％なので安心して使えるのがうれしいですね

キャンドルとしても適している蜜蝋。ほんのりと甘い香りが部屋中に漂う

天然成分でつくる蜜ろうアイテム

special thanks

高安さやかさん
銀座ミツバチプロジェクトや一般社団法人 トウヨウミツバチ協会事務局に在籍。アロマセラピーに付いても積極的に活動している。

蜜蝋は保湿性が高く、殺菌作用や傷の修復作用もあるといわれています。手づくりでクリームをつくる際に覚えておきたいのは蜜蝋の量。目安としているグラム数はありますが、量を変えれば質感が変化します。せっかくの手づくりなのだから、自分のお気に入りの固さを見つけてみましょう。

蜜蝋キャンドルは、古代から「神の贈りもの」として使われてきました。中世ヨーロッパでは協会の儀式に使われ、重宝されてきました。よく売られているキャンドルは石油系のパラフィンが含まれていて黒煙が出やすいのですが、蜜蝋１００％のキャンドルはそんな心配もないのでさまざまなシーンで使えます。

必要な材料

●包丁＆まな板
蜜蝋を削ったりカットしたりするときに使用

●ケース
つくったクリームを保存するための容器

●ホホバオイル
ホホバの種子から抽出されたオイル

●アロマオイル
今回は香りづけにラベンダーオイルを使用

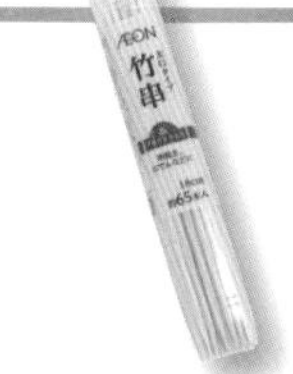

●竹串
蜜蝋をかき混ぜる際に使用する

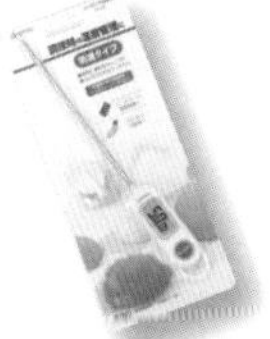

●温度計
蜜蝋の温度調整のために使用する

●蜜蝋
今回は固形状態で販売されているものを使用

●ガラス製ビーカー（200cc）

●ガラス製ビーカー（500cc）

材料を測り、そのまま容器としても使用する

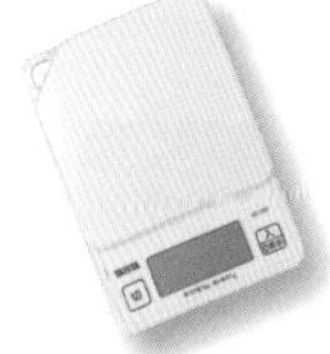

●計量はかり
材料の重さを量るために使用する

保湿クリームのつくり方

使用する材料は3つだけ。ポイントは重量。軟らかいクリーム状が好みであれば、蜜蝋は少なめに調整しましょう

分量
蜜蝋…20g：ホホバオイル＋アロマオイル…80〜100㎖

1 ： 5 ＋ 数滴

※冬につくるときはホホバオイルを少し多めを推奨

1 大きな鍋を用意し、200cc 用の計量カップが半分浸かるくらいに水を入れて温度を上げる

2 蜜蝋が溶けやすいように細かくカットする。大きい塊のままだと溶けにくい

3 蜜蝋を 20g 用意する。計量は調理用のはかりを使用している

4 計量カップに 80cc のホホバオイルを注ぎ入れる。目盛りが付いているからわかりやすい

5 先ほどカットした蜜蝋をホホバオイルの中にすべて入れる

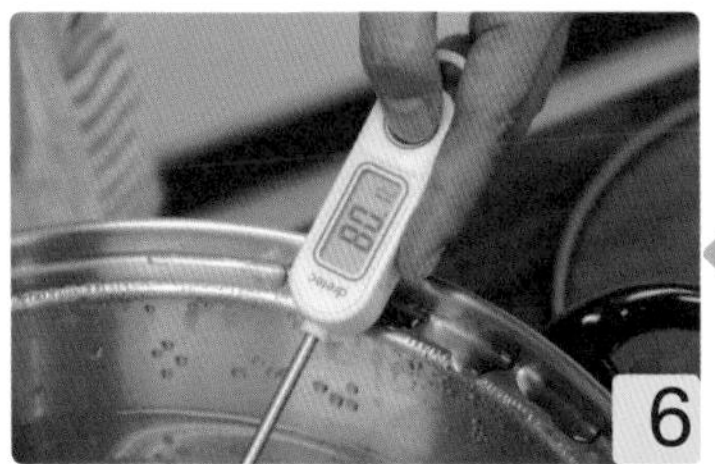

6 80℃ほどに温めた湯の中に計量カップを入れる。沸騰はさせず、同じ温度を保つために目を離さないこと

湯せんをする。竹串を使ってゆっくりとかき混ぜながら溶かす

20 分くらいすると蜜蝋がホホバオイルに溶けていく

きちんと溶けていないとクリームになったときにザラつくのでしっかりと溶かしきる

溶けたものを保存容器に入れる。冷えるとすぐに固まるので、素早く作業する

すぐにアロマオイルを数滴垂らす。強い香りが好みであれば多めに入れる

オイルをクリーム全体に行き渡らせるように竹串で素早く混ぜる

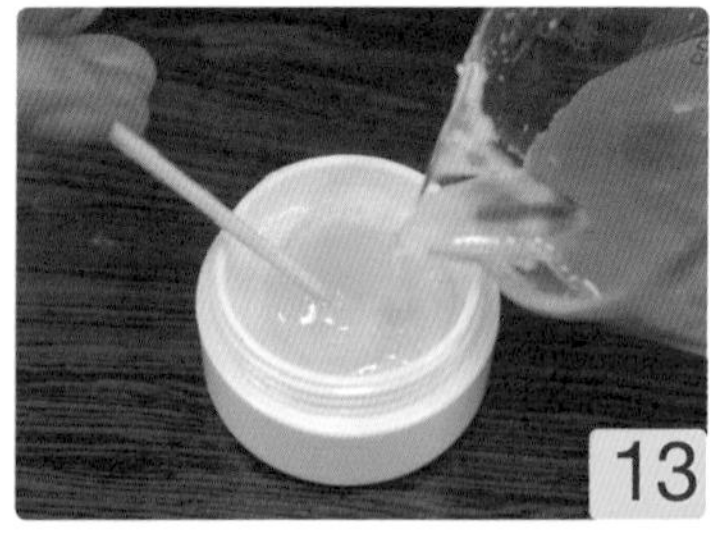

かき混ぜたらフタをするように再び蜜蝋を入れる。あとはそのまま放置して完成

オマケ

リップクリームのつくり方

容量と容器を変えてリップクリームもつくってみましょう。容器に入れてから半日放置しておけば完全に固まります。友達へのプレゼントとしても喜ばれる一品です。

すぐに固まってしまうので、あまり長い時間かき混ぜるとクリームの表面が凸凹してしまう。手づりで無添加のものなので、半年以内に使いきるのを目安にしたい

分量

蜜蝋…10g：ホホバオイル…40㎖＋アロマオイル

1 ： 5 ＋  1滴

蜜蝋キャンドルのつくり方

優しい炎とふんわりと甘い香りを放つ蜜蝋キャンドル。さまざまなデザインのシリコン型が売られているので、好みの形状のキャンドルをつくってみましょう。

必要な材料

●シリコン型
蜜蝋は洗っても落ちにくいため、専用の型を用意する

●タコ糸（蜜蝋付）
キャンドルの芯として使用。カットしてから蜜蝋に浸しても OK

●アロマオイル
好みのアロマオイルを用意。今回はレモンの香りをチョイス

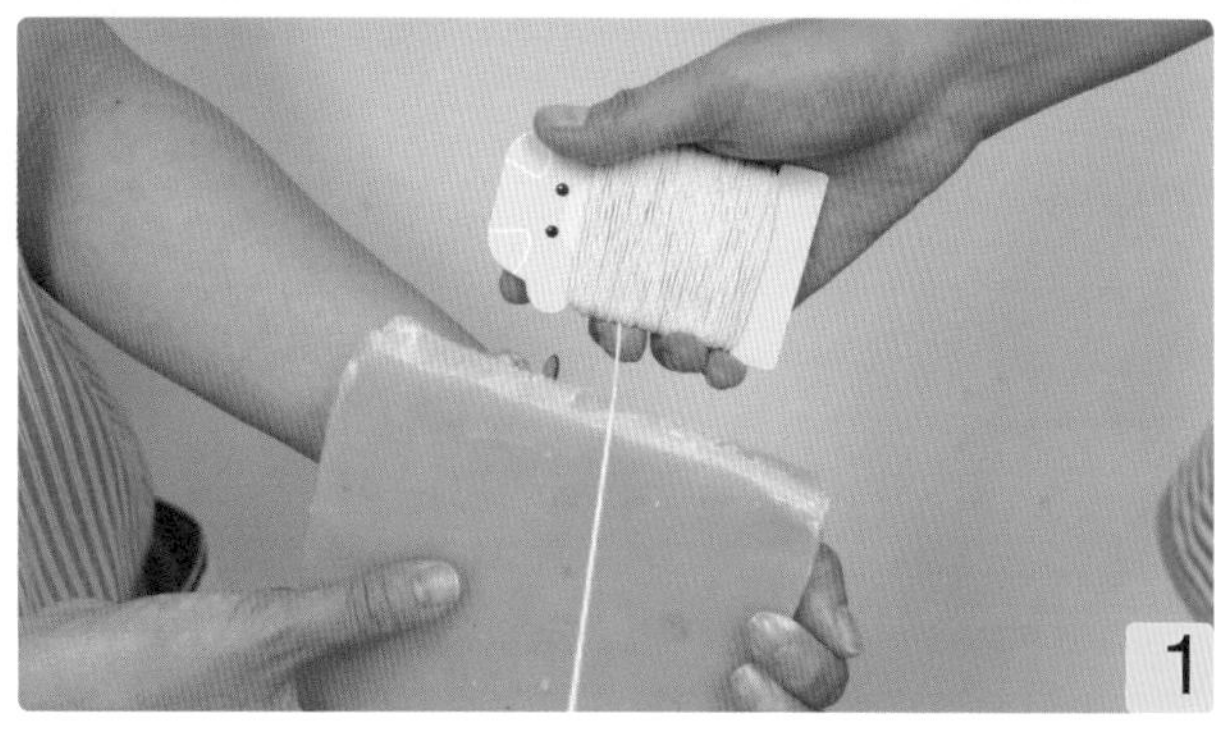

1

タコ糸に蜜蝋をこすって付ける。最初に1本の糸全体に蜜蝋をつけてからカットしたほうが、作業がはかどる

2

湯せんで溶かした蜜蝋をそのままシリコンモールドの中に注ぎ入れる

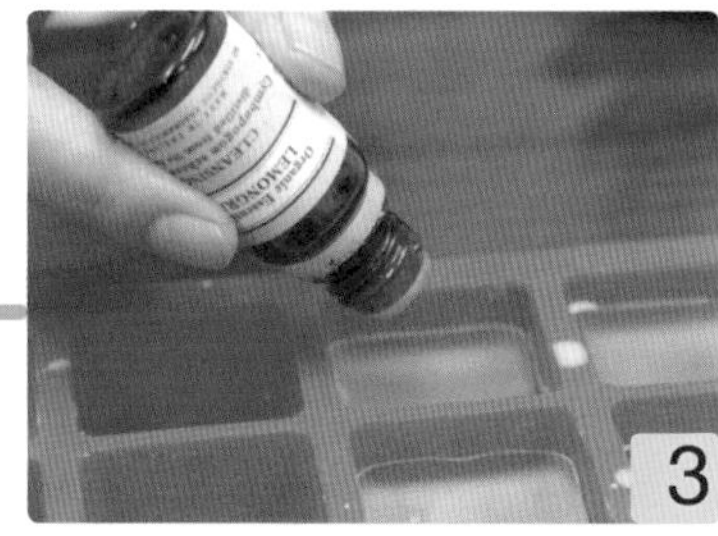

3

すぐに固まり始めるのでアロマオイルを数滴たらす。素早く作業をする

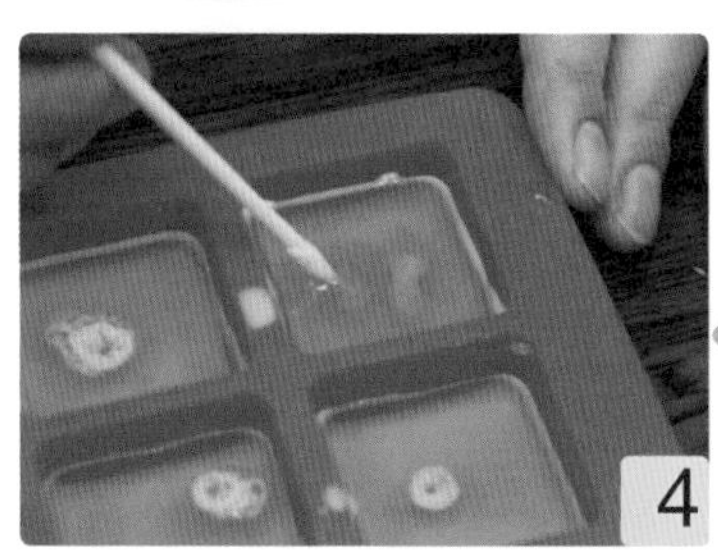

4

アロマオイルを入れたら竹串で素早くかき混ぜる。だいたい混ざれば OK

5

蜜蝋を付けたタコ糸を底まで差し込んでいく。素早くピンと立たせるのがコツ

6

10 分放置しただけで、あっという間に変化する。半日置いておくと完全に固まる

体に優しく心も癒す
蜜蝋アイテム10

ミツバチがつくる蜜蝋は食用にも使われるほど栄養価が高く、
優れた保湿効果をもつため、クリームやキャンドルに加工された商品も数多く販売されています。
ミツバチの恵みが、日々の暮らしをちょっと豊かにしてくれるはずです。

アメリカ生まれのナチュラルスキンケア！BURT'S BEESの保湿シリーズ

保湿力の高い蜜ロウを使用したフットクリームとリップバーム。かわいらしいパッケージで、持っているだけでも気分が上がるアイテム。

❶ BURT'S BEES／H&B フットクリーム（114g）／2,100円

❷ BURT'S BEES／BW リップバーム（8.5g）／650円

❸ BURT'S BEES／BW リップバーム（4.2g）／650円

❹ BURT'S BEES／BW リップバーム（9.9g）／750円

問）ブルーベル・ジャパン株式会社
TEL.03-5413-1070

見た目もかわいい口紅！

蜜蝋やラズベリー種子油、ビタミンEなど、100%天然成分を使用したリップスティック。美しい艶とふっくらとした張りのある唇を演出してくれる。カラーは全14色あり。
BURT'S BEES リップスティック（3.4g）／2,300円
問）ブルーベル・ジャパン株式会社 TEL.03-5413-1070

沖縄県本部町で採れた蜜蝋を使用！

合成保存料や防腐剤不使用の蜜蝋クリーム。ハンドクリーム、リップクリーム、髪の毛のパサつき防止などに、幅広く使える。香りは月桃、ラベンダー、レモングラスの3種。
美ら島みつろうクリーム／1,500円
問）沖縄セレクト美ら島すぐりぃ TEL.098-867-5432

蜜蝋の型コレクション

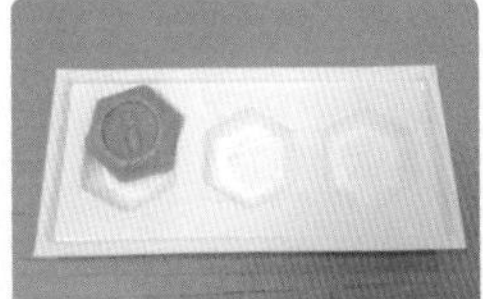

蜜蝋型枠（ハニカム3穴）
6.5×7×2cm（1穴サイズ）
2,900円

蜜蝋型枠（スティック5穴）
8×3×2cm（1穴サイズ）
1,900円

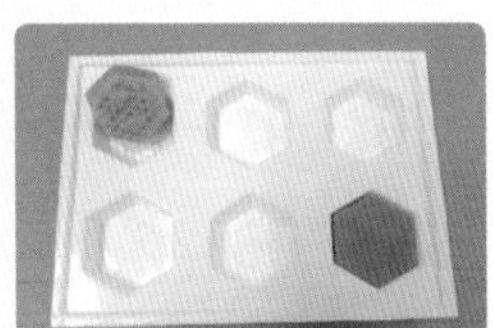

蜜蝋型枠（ハニカム6穴）
5×6×2.5cm（1穴サイズ）
2,600円

蜜蝋が採れたら自分でロウソクをつくったり保存したりしておきたいという人におすすめ。友達にプレゼントしても喜ばれること間違いなし！
問）アピ株式会社　TEL.058-271-3838

花びらのグラデーションが魅力

ニホンミツバチの蜜蝋からひとつひとつ手づくりされたロウソク。やさしい明かりが蜜蝋の美しいグラデーションを生み出す。バラ型蜜蝋キャンドル（1個）／1,500円～
問）にほんミツバチANN http://bee-ann.com/

アロマポットにジャストサイズ！

オーストラリアのオーザンライト社の蜜蝋キャンドル。ほんのりと漂うはちみつの甘い香りに癒される。水を張ったグラスに浮かべてフローティングキャンドルとしても楽しめる
ノーザンライト ティーライト3個入り／880円
問）ワイルドツリー TEL.0265-96-0438

イースターの祭事に使われていたキャンドル

1本で100時間燃焼可能なキャンドル。古くからカトリック教会で使われていたもので、蜜蝋のほかにマカダミアナッツオイル、ホホバオイルが使用されている。
ノーザンライト パスカルカセドラル／8,400円
問）ワイルドツリー TEL.0265-96-0438

気軽にできるものからおもてなしの一品まで！はちみつレシピ

はちみつは、体が喜ぶ栄養がたくさん詰まっています。そのまま食べても十分おいしいはちみつですが、今回は食のプロにはちみつをよりおいしく味わえるレシピを教えていただきました！

ミックスナッツ漬け

ハチミツ漬けは、パンやバゲットにかけるだけで簡単なおつまみに。そのまま漬け込んでもよいが、アーモンドは軽く煎って香ばしくして漬けると、よりおいしくなる

材料（一瓶）

癖のないアカシアやユリノキ、レンゲなどのはちみつ…200g
ゴルゴンゾーラチーズ…適量※
ミックスナッツ…適量※
ミックススパイス…適量※
※お好みの量でOK

つくり方

❶ 熱湯消毒した密封性の高い瓶（容量750g程度）に、ゴルゴンゾーラチーズを一口大にカットしたものなどを入れる。
❷別の瓶にそれぞれナッツ、スパイスを入れる
❸はちみつを注ぎ入れる

special thanks

「ヤマガタ サンダンデロ」シェフ
土田 学さん（写真左）
「ヤマガタ サンダンデロ」副店長
久保 章さん（写真右）

東京・銀座のイタリアンレストラン「ヤマガタ サンダンデロ」では、山形から毎朝直送される新鮮な食材を使った極上の一品を提供している。

体が元気になる はちみつドリンク！

自然のミネラルが豊富に含まれているはちみつ。気軽につくれておいしいドリンクレシピを紹介します

小松菜とりんごのスムージー

材料（２杯分）

小松菜…3 束
リンゴ…1/ 2個
リンゴジュース…300mℓ
はちみつ…10g
氷…5～7個

つくり方

❶ 小松菜を氷水につけ、土を落とし、葉をしゃきっとさせる
❷ 小松菜の根元を切り落とし、 2～3㎝幅に切る
❸ リンゴの皮をむき半月切りにする
❹ ジューサーにすべての食材と氷を入れ撹拌する

柿スカッシュ

材料（２杯分）

柿…1/2 個
柿酢…少々
柿ジュース…100mℓ
ソーダ水…適量
はちみつ…15g
氷…5 ～7 個

つくり方

❶ 柿の皮をむき、ひと口大にカットする
❷ ジューサーにソーダ水以外の材料を入れ、撹拌する
❸ ソーダ水を加え、好みの濃度に仕上げる

梨のスムージー

材料（4杯分）

ブドウ…10 粒
ラ・フランス…1 個
和梨…1 個
梨ジュース…200mℓ
はちみつ…少々
氷…10 ～ 14 個

つくり方

❶ ブドウ以外の果物の皮をむいて、ひと口大にカットする
❷ ジューサーにすべての材料を入れて、撹拌する

赤じそとザクロの炭酸ジュース

材料（２杯分）

ザクロ…75g
はちみつ…30g
赤ジソシロップ…15mℓ
ソーダ水…適量

つくり方

❶ ザクロをきれいに皮から外す
❷ 外したザクロを軽く水洗いし、はちみつと赤ジソシロップを入れる
❸ 軽くフォークの背でザクロを押しつぶし、ひと晩冷蔵庫で寝かせる
❹ 好みの濃度になるようにソーダ水を入れる

山ブドウソーダ

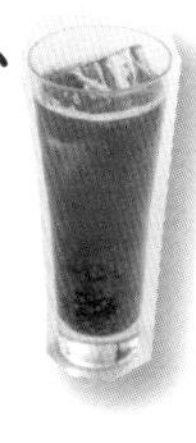

材料（２杯分）

山ブドウ…30g
ラズベリー…60g
はちみつ…10g
山ブドウジュース…30mℓ
ソーダ水…適量

つくり方

❶ 山ブドウは軸から外し、軽く水洗いする
❷ グラスにソーダ水以外の材料を入れ、全体が混ざるように押しつぶす
❸ 好みの濃度になるようにソーダ水を入れる

ジュースは手際よく混ぜると風味が損なわれず、おいしくいただける

はちみつホットワイン

おすすめはちみつ：ケンポナシ

リンゴでさっぱりしながら、体の芯から温める

材料（4杯分）

赤ワイン…500mℓ
リンゴ…¼ 個
オレンジスライス…3 枚
ショウガ…1かけ
シナモンスティック…1本
クローブ（ホール）…4 粒
はちみつ…50g

つくり方

❶ リンゴの芯を取り、スライスする
❷ 鍋にはちみつ以外の材料を入れ、鍋肌がふつふつとするまで煮る
❸ はちみつを入れて完成

はちみつハーブティー

おすすめはちみつ：アカシア

ハーブの香りとはちみつで癒し度アップ！

材料（2杯分）

レモンバーベナ…小さじ2杯
レモングラス…4本
オレンジスライス…2 枚
はちみつ…20g
湯…200 ～ 250mℓ

つくり方

❶ ティーポットを温める
❷ レモングラスを3㎝幅にカットする
❸ ティーポットに湯とハーブを入れ、2～3分蒸らす
❹ カップに注ぎ、はちみつを入れスライスを浮かべる

はちみつチャイ

おすすめはちみつ：ユリノキ

スパイスとはちみつの相乗効果で、体はポカポカ

材料（2杯分）

アッサム（茶葉）…5 ～ 7g
カルダモンパウダー…小さじ ½ 杯
シナモンスティック…½ 本
クローブホール…3粒
はちみつ…20g
水…100 ～ 150mℓ
牛乳…100 ～ 150mℓ

つくり方

❶ 鍋に水と茶葉・スパイス類を入れて沸かす
❷ 沸騰した鍋に牛乳とはちみつを入れ、再度沸騰させる
❸ 沸騰したら火を止め、茶濾しで濾して完成

トマトのはちみつマリネとマグロの冷たいカッペリーニ

おすすめはちみつ：キハダ

はちみつはパスタとも意外に相性がよい！
夏バテ予防にもなる至極の逸品

材料（2人分）

（マグロのタルタル）
・マグロ（刺身用）…20ｇ
・ニンニク…½かけ
・塩…適量
・EXヴァージンオリーブオイル…適量

（トマトのマリネ）
・フルーツトマト…2個
・塩…適量
・はちみつ…5g
・バルサミコ酢…5mℓ
・ピュアオリーブオイル…適量
・ニンニク…½かけ

・カッペリーニ…30ｇ
・万能ネギまたは白髪ネギ…適量

つくり方

❶ ボウルにすりおろしたニンニクと、皮をむいて5mm角に切ったマグロを入れて塩をふり、30分程度冷蔵庫でなじませる
❷ ❶のボウルにはちみつとバルサミコ酢、ピュアオリーブオイルを入れて混ぜ合わせる
❸ カッペリーニを塩入りの湯で少し柔らかめにゆで、ザルにあける。水で素早く熱を取ったあと氷水で数秒冷やして布巾などで水気を切り、トマトのマリネのボウルに入れ、絡める
❹ 皿にパスタを盛り付け、マグロのタルタルを盛り、刻んだ万能ネギまたは白髪ネギをかけて、EXヴァージンオリーブオイルを回しかける

はちみつとチーズのクリームペンネ

簡単で本格的！

おすすめはちみつ：クリ

癖のあるチーズの塩気とはちみつの甘みは好相性！
一度食べたらやみつきになること間違いなし

材料（2人分）

・ペンネ…120ｇ
・ゴルゴンゾーラチーズ…50ｇ
・パルミジャーノチーズ…5ｇ
・白ワイン…50mℓ
・生クリーム…240mℓ
・塩…適量
・ブラックペッパー…適量
・はちみつ…15g
・クルミなどのナッツ類…適量

つくり方

❶ ペンネをゆでる
❷ アルミ鍋に白ワインを入れ、水分が半分になるまで煮つめたら生クリームを入れ、沸騰しないよう温める
❸ 一度火を止めて細かく切ったゴルゴンゾーラチーズを入れてつくる
❹ ❸にゆで上がったペンネを入れ、再度弱火にかけて鍋を揺すりながらペンネにソースを絡める
❺ パルミジャーノチーズを入れ、塩で味を調える
❻ 皿に盛りつけたら、ローストしたクルミとブラックペッパー、はちみつをかけて完成

華やかな
和食に!

ブリのはちみつバルサミコ照り焼き

おすすめはちみつ：カンロ

いつものブリ大根をもっとおしゃれにアレンジ！
はちみつには、魚の生臭さを消してくれる効果も。
甘さの中にうまみもあるので、思わずご飯がすすむ

ポイント

バルサミコ酢とはちみつの相性は抜群。しっかりとろみをつけよう

材料（2人分）

ブリ…120g
赤ワイン…50mℓ
バルサミコ酢…50mℓ
フォン・ド・ヴォー…30mℓ
ブラックペッパー…3粒
はちみつ…20g
塩…適量

つくり方

❶ ブリに塩、ブラックペッパーを馴染ませる。小麦粉（分量外）をはたいて、焼き色をつけるように焼く
❷ 鍋に赤ワインを入れて火にかけ、沸騰したらバルサミコ酢を入れ、半分の量になるまで煮つめる。フォン・ド・ヴォー、ブラックペッパー、はちみつを加え、さらに煮つめる
❸ 焼いたブリを❷に入れ、絡めながら水分がなくなるまで煮つめたら完成

肉との
相性最高

豚肉の赤ワイン煮込み はちみつのキャラメリゼ

おすすめはちみつ：サルビア

はちみつのよいところは、数滴加えるだけで、味にぐっと深みが出るところ。焦がし気味に焼くことでカラメルの風味もプラス。ぜひ試してほしい一品

＼ポイント／

バラ肉の上にはちみつを塗り、2～3時間置いてから焼き入れると、肉がぐっと柔らかくなる

材料（2人分）

- 豚バラ肉（ブロック）…350g
- 赤ワイン…100mℓ
- みりん…50mℓ
- 水…50mℓ
- はちみつ…15g

つくり方

❶ 豚バラ肉を湯通しし、水気を切る
❷ 鍋に赤ワインとみりんを入れ、火にかける。
❸ ❷が沸騰したら、豚肉と水を入れ、再度沸騰させてアクを取り、弱火で柔らかくなるまで煮込み、一度冷ます
❹ ❸の豚肉の表面全体にはちみつを塗り、フライパンで焦げ目がつくように焼く

はちみつムース

おすすめはちみつ：ラベンダー

クリーミーな舌触りと、はちみつのほのかな甘さが癖になる

材料（1人分）

はちみつ…116g
卵…3 個
ゼラチン…10g
湯…大さじ 2
生クリーム…400g
好きなフルーツ…適量

つくり方

❶ はちみつと全卵を混ぜ合わせ、湯せんにかけて角が立つまで泡立てる
❷ 湯に溶かしたゼラチンを泡をつぶさないように加え、粗熱を取る
❸ ❶に緩めに泡立てた生クリームを合わせる
❹ 容器に入れて冷蔵庫で冷やして完成

はちみつフロランタン

おすすめはちみつ：トチノキ

はちみつの甘さがフランス菓子にもぴったり！
コツを押さえればおいしく仕上がります

材料（3人分）

（クッキー生地）
無塩バター…250g
グラニュー糖…200g
アーモンドパウダー…80 g
卵…2 個
薄力粉…300g
強力粉…50g
はちみつ…100g

（ヌガー）
はちみつ…100g
グラニュー糖…33g
水あめ…33g
生クリーム…66mℓ
無塩バター…66mℓ
アーモンドスライス…100g

つくり方

（クッキー生地）
❶ 無塩バターをポマード状にしてグラニュー糖をすり込んでいく
❷ アーモンドパウダーと溶いた卵を入れ、さっくり混ぜる
❸ ふるった小麦粉を数回に分けて入れる
❹ ひと晩冷蔵庫で休ませる

（ヌガー）
❶ アーモンドスライス以外の材料を鍋に入れて火にかけ、キャラメルをつくる。きつね色になったらアーモンドスライスを入れて火を止め、すぐに鍋底を水につけて、温度上昇を止める
❷ クッキー生地を天板に敷きつめ、180℃のオーブンで約 20 分空焼きする
❸ でき上がったヌガーを温かいうちにクッキー生地の上に流し、150℃のオーブンで約 30 分焼く

イチジクのコンポート

おすすめはちみつ：ミカン

はちみつの甘さがぎゅっと凝縮された逸品。
ある程度熟したイチジクを使うとよりおいしくなる

材料（2人分）

イチジク…6 個
はちみつ…50g
赤ワイン…150mℓ

つくり方

❶ 鍋にはちみつと赤ワインを入れて強火にかける
❷ 沸騰したらイチジクを入れ、弱火で柔らかくなるまで煮る

白滝のマチェドニア

おすすめはちみつ：サクラ

はちみつを使えば白滝が甘いデザートに。
白滝を 30 分煮るのがポイント！

材料（2人分）

オレンジ…1個
ブドウ…1個
レモンの皮…1個分
クローブホール…1粒
グラニュー糖…250g
水…100mℓ
ミント…1房
バニラビーンズ…適量
白滝…200g
はちみつ…80g

つくり方

❶ 白滝を湯通しし、はちみつと水を合わせた液に浸け、30 分間煮る
❷ 鍋に水、グラニュー糖、クローブホール、ブドウ、バニラビーンズを入れて強火にかけ、オレンジ、レモンの皮、ミントを入れて蓋をして5分蒸らして濾す
❸ フルーツを食べやすい大きさにカットし、❷の液体に漬け込む
❹ 冷ました❶と❸を合わせて完成

chapter 5

もっと知りたいミツバチのこと

ミツバチのことをより深く知るために、養蜂の歴史や現在、各地で行われているイベント、さらには資格関係などを紹介します。養蜂を行うには、飼育や研究を続けている諸先輩方の意見は参考になるので、イベントや講演会にもおっくうがらずに足を運び、ミツバチを愛する人同士、交流を深めて頂きたい。

養蜂の歴史

石器時代の岩壁にミツバチハンター!?

有史以前から現在まで、ミツバチと人のかかわりの歴史の大半が、自然に営まれている巣を探し、採集して砕いてはちみつを絞り取る旧スタイルでした。１９１９年、スペイン・バレンシア地方のアラーニャという洞窟で発見された岩壁の彫刻には、太古の採蜜風景を表現したものがあります。およそ１万年前のものと推定され、女性と思われる人物が、片手にカゴのようなものを持ち、洞穴らしきところまで登っている様子で、女性の周りにはミツバチが何匹も飛び回っています。洞穴の中に、はちみつを蓄えた蜂群がいて、それを取ろうとしているようにも見えます。そしてこのころは人類の食物は獣肉や魚だとされていることから、はちみつは神事やお祝いの蜜酒をつくるための材料だったのかもしれません。蜜酒はつくり方が簡単で、ブドウ酒より約１０００年も前から醸造されていたという説があります。

“ハネムーン”は中世ヨーロッパから

西ローマ帝国が滅亡するとヨーロッパは中世に。中世ヨーロッパの主役はゲルマン民族です。この民族は「はちみつ愛好民族」として知られ、はちみつでつくった酒が愛飲されていたそうです。はちみつは滋養強壮効果があるとされ、新婚夫婦は結婚後一カ月間は蜜酒を飲み、子づくりに励んでいました。蜜月＝ハネムーンという言葉はここからきているのです。『ニーベルンゲンの歌』という叙事詩は中高地ドイツ語で書かれた文芸作品ですが、この作品の中でもゲルマンの英雄がさかんに蜜酒で宴をしています。それだけ蜜酒は昔から愛されてきたお酒だということがわかります。

養蜂の技術革新は欧米から

一方、近代の養蜂では、ミツバチを飼育管理するのが特徴です。それを可能にしたのが、１８５１年にアメリカの牧師であったロレンゾ・ラングストロス氏が考案したラングストロス式巣箱（ラ式）です。これは今も養蜂器具の主役として、ほとんどの国で同じサイズ規格のものが使われています。１８５７

世界中で使われているのが、この「ラ式」とも呼ばれるラングストロス式巣箱。170 年ほど前に発明され、養蜂家にとっては欠かせない巣箱である

年には、その巣箱に合うようにドイツのメーリング氏が蜜蝋製巣礎を発明。ついで1865年にオーストリアのフルシュカ氏が遠心分離器による採蜜方法を考案しました。これらのアイデアにより、養蜂のスタイルは大きく変化をとげ、巣礎があることによって造巣が規格化され、頑丈さも手に入れました。採蜜の際は遠心分離器を使うことによって群れへのダメージも最小限に抑えられ、ほかの巣箱と巣枠の互換性をもつようになったのです。

巣板をこの中に入れてゆっくり回すと蜜が飛び出る仕組み。採蜜する上で欠かせないアイテムだったが…!?

日本の養蜂はいつから始まった?

日本の文献にはちみつが登場するのは平安時代に入ってから。はちみつを蜜巣ごと献上していたと書かれています。当時の日本には画期的な養蜂器具というものはなく、ニホンミツバチの性格や生理に合わせた独自の方法で養蜂を行っていたとされています。近代養蜂技術が伝わってきたのは明治十年。西洋の文明が日本に入ってきたと同じ頃に西洋式の養蜂技術も伝えられました。セイヨウミツバチが大量輸入される一方で、ニホンミツバチは量産の養蜂に適さないと、見捨てられてきました。ニホンミツバチは神経質で逃去しやすく、一連のセイヨウミツバチ用の飼育システムには、うまく馴染むことができなかったことが大きな理由でした。

『蜂蜜一覧』は、日本にセイヨウミツバチが導入される前の、ニホンミツバチの伝統的養蜂技術の集大成である。巣房を観察しているシーンやタレ蜜を絞っている場面も描かれている（所蔵／渡辺養蜂場）

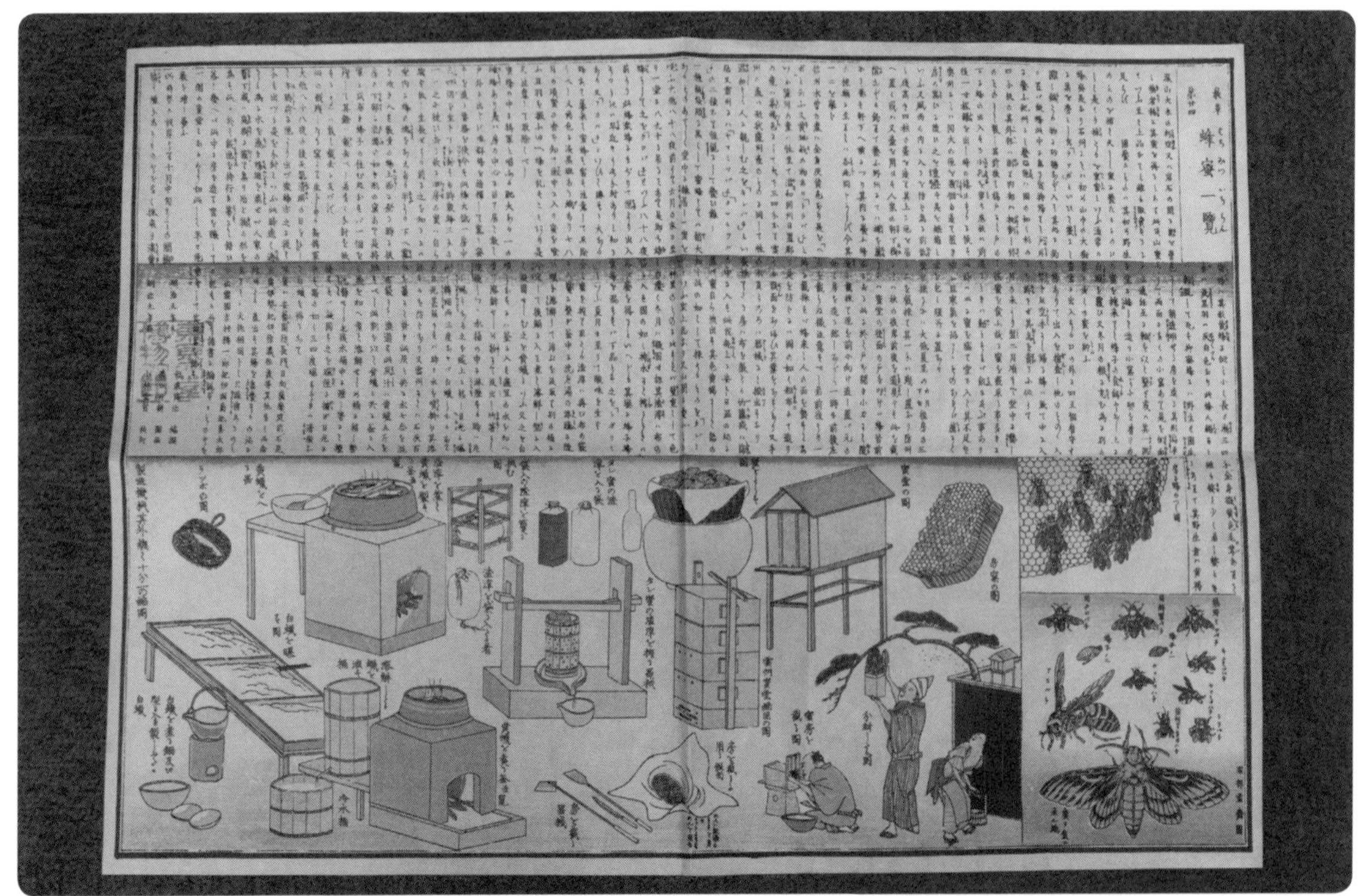
蜂蜜一覧

進化を遂げる養蜂器具

江戸時代以前、ニホンミツバチの飼育に多く使われていたのは丸洞式巣箱で、丸洞で飼い、はちみつを採ったらミツバチを殺してしまうやり方が主流でした。江戸時代ごろに確立した日本独自の重箱式養蜂は、トウヨウミツバチ圏のアジアでは最も合理的かつ安価で、ミツバチに与えるストレスも少なく、日本の風土に合った技術といえます。

その後、近代飼育には適さないとされてきたニホンミツバチも、20年ほど前、日本在来種みつばちの会が科学の目も加えて開発したストレスフリーの現代式縦型巣箱の登場によって、合理的に管理して飼えるようになりました。ニホンミツバチの習性や特徴を考え、外形だけでなく、巣枠や巣礎もニホンミツバチのサイズに合わせて考案されたこの巣箱は、ニホンミツバチのはちみつを量産化させ、一部のプロの養蜂家の間でも利用されています。さらに近年、約170年ぶりの画期的な技術革新と話題になっているのが、オーストラリアで発明された巣箱「フローハイブ」(P.103参照)です。巣箱を開けることなく、瓶に直接採蜜できるため、ミツバチにストレスを与えずかつ衛生的で、遠心分離器も不要です。もっとも、これはセイヨウミツバチ用の巣箱だったので、いくつもの改良を加え、ニホンミツバチでも飼えて、採蜜を行うことに成功しました。私は近い将来、これらの新しい技術と自然回帰的農業、さらには生態系や生物多様性、そしてミツバチの重要性を国が理解し、環境教育に取り入れてくれることを心より願っています。

感謝のことば

花の受精に素晴らしい働きをして
美味なる果実をもたらし
蜜や貴重な王乳をかもして
人々の心と体を養い
限られた日々の営みの中で
勤勉と一致の見事な手本を人類に示し
大きな教訓を与えてきた
億兆の可憐な蜜蜂たち
全国養蜂者有志の協力を得
ここにその徳をたたえ
また霊を慰め感謝する
昭和42年9月
岩手県養蜂組合

岩手県養蜂組合が約50年前に建立した「蜜蜂頌徳の碑」は、近代日本の養蜂の父といわれる徳田義信博士の直筆。今も昔も、人々はミツバチから恵みをいただき、寄り添って生きてきた(右手のトチの木も建立時に植樹されたもの)

日本ミツバチ養蜂講座（入門講座・初級・中級・上級）

養蜂技術を身につけられる！

ミツバチに興味があり、これから飼ってみたいという人におすすめの入門講座では、養蜂具の名称や大まかな養蜂の知識を学ぶことができる。ミツバチに触れたことがあり、用語や道具の使い方がわかる人向けの初級・中級講座では、日本在来種ミツバチの基本知識や飼育法を学ぶことができ、年間を通じて自分で採蜜できるように指導してくれる。養蜂インストラクター養成講座（上級）もある。養蜂に関わる法令や条令の知識と環境保全、生物多様性との関連についての知識を身につけられる養蜂インストラクター認定制度もあり、筆記と実践試験合格者は、インストラクターとして派遣されるシステムも整備されている。各講座とも不定期に行われているので、興味のある方はホームページを確認するか問い合わせをお願いします。

講師：高安和夫（NPO 法人銀座ミツバチプロジェクト代表・顧問）・藤原誠太（日本在来種みつばちの会 会長）
受講料：18,000 円（入門編）、35,000 円（初級・中級）、38,000 円（上級）

問）一般社団法人トウヨウミツバチ協会
TEL.03-6277-8000
http://hp-a-00002.x0.com/

実技もあるので、実際にミツバチやはちみつに触れて学ぶことができる

壇上に立っているのは高安和夫氏。筆者とともに授業を行っている

はちみつマイスター

はちみつを極めたい人に！

一般社団法人日本はちみつマイスター協会が主宰している「はちみつの専門資格」では、はちみつの魅力を学び、仕事や趣味に生かせる資格取得ができる。受講は通信・通学から選べ、はちみつのテイスティング、ミツバチの生態についてや養蜂の基礎知識、はちみつ健康法や石けんのつくり方までさまざまな角度から学ぶ。試験に合格すると「はちみつマイスター・プライマリー認定」の称号を使用できる。

※認定は 3 年ごとの更新 / 認定料 1 万円

【初級】
通学２日間：55,000 円
通信：35,000 円

問）一般社団法人日本はちみつマイスター協会
TEL.03-5244-9783
http://www.83m.info/

通信講座は、申し込みをするとテキストとはちみつのテイスティングキットが送られてくる

通学では机を並べ、直接、講義を聞くことができる。開催時期はＨＰにて要確認

ミツバチの各種イベント

ニホンミツバチ養蜂研究会

数年前から毎年京都で開催されるニホンミツバチをテーマにした講演会。ミツバチに興味があればだれでも参加可能で、専門家に気軽に質問できるのも人気だ。講演会の後には交流会も開催される。

会場：太秦キャンパス・みらいホール
会費：1000円（※変動あり）
主催：京都ニホンミツバチ研究所、京都ニホンミツバチ週末養蜂の会
問）京都学園大学バイオ環境学部 TEL. 0771-29-3589

ミツバチサミット2017

2017年11月11～12日に初めて開催される、ミツバチに関わるすべての人を対象にしたイベント。ミツバチ、養蜂、蜜源、ポリネーション、農業、自然、生物多様性、文化、食、医療などあらゆる角度からミツバチについて考える。

会場：筑波大学
入場料：未定
問）ミツバチサミット実行委員会
http://www.savebeeproject.net/

ミツバチ科学研究会

毎年1月に開催されているミツバチをテーマにした講演会で、2018年で40回目を数える老舗的存在。ミツバチの病気についての研究発表や、海外の養蜂事情などを聞くことができる。過去には「ミツバチが巣から持ち出す蜜の役割とその調整」や「ミツバチの尻振りダンスにかくされた餌集めの工夫」などの興味深いテーマが講演された。参加はE-mailかFAXで要予約。

会場：ユニバーサルコンサートホール2016
会費：未定
問）玉川大学ミツバチ科学研究センター
http://www.tamagawa.ac.jp/hsrc/

ファームエイド銀座

日本全国のはちみつや料理にまつわる情報を集めたイベント。2016年は「ニホンミツバチの暮らしとその恵み～里山や森林におけるフィールド研究から分かった事～」をテーマに藤原愛弓氏が講演。多くの農家と料理人を集めてイタリアで催された国際イベントの「テッラ・マードレ 2016」の様子やイタリアの養蜂実態を、一般社団法人トウヨウミツバチ協会代表理事の高安和夫氏が紹介した。

会場：銀座紙パルプ会館
入場料：無料（※講演会などのフォーラムは有料）
主催：ファーム・エイド銀座実行委員会、NPO法人 銀座ミツバチプロジェクト
問）ファーム・エイド銀座実行委員会事務局
TEL.03-3543-8201
http://www.farmaidginza.com/

はちみつフェスタ

年に1回、銀座で行われているはちみつに関するイベント。日本はもちろんのこと、世界中の珍しいはちみつが販売される(2016年は100種類以上)。はちみつのさまざまな使い方が学べるワークショップ、セミナーなども開催するほか、銀座はちみつが生まれる屋上養蜂の見学会も行われる。会場では、日本で購入できる最もおいしいはちみつを選ぶコンテスト「ハニー・オブ・ザ・イヤー」の最終審査に進むはちみつの一般投票も実施される。

会場：銀座紙パルプ会館
入場料：無料（※一部有料）
問）一般社団法人 日本はちみつマイスター協会
TEL.03-5244-9783
http://www.83m.info/

日本在来種みつばちの会定期総会

国内最大の約2000名の会員数をもつ、日本在来種みつばちの会の会員がその時々の問題、課題について発表する場にもなっている。2016年は「奥会津日本みつばちの会」会長の猪俣昭夫氏も招かれ講演した。年会費は現在3500円、各種会員値引きあり。情報紙を年3～4回発行。

会費：一般参加無料
問）日本在来種みつばちの会（藤原養蜂場内）
TEL.019-624-3001
http://www.fujiwara-yoho.co.jp/

全国養蜂器具&アイテム販売店リスト

養蜂器具

俵養蜂場
兵庫県小野市高田町 1832
TEL：0794-63-6617 (9:00 ～ 17:00)
FAX：0794-63-8283
定休日：日月・祝日
http://tawara88.com/
honey888@waltz.ocn.ne.jp

藤原養蜂場
住所：岩手県盛岡市若園町 3-10
TEL：019-624-3001 (9:00 ～ 17:00)
FAX：019-624-3118
定休日：月・年末年始
http://www.fujiwara-yoho.co.jp/
fujiwarayohojo@fujiwara-yoho.co.jp

フルサワ蜂産
岐阜県岐阜市竜田町 3-3
TEL：058-263-3783 (9:00 ～ 18:00)
FAX：058-263-3968
定休日：日・祝日、第 2・第 4 土曜
https://www.furusawa-housan.jp/

秋田屋本店 - 養蜂部 -
岐阜県岐阜市加納城南通 1-18
TEL：058-272-1311 (8:30 ～ 17:30)
FAX：058-272-1103
定休日：土日、祝日は変則休業
http://akitaya-yoho.com/
yoho@akitayahonten.co.jp

日本在来種みつばちの会　※主に会員向け
アピ㈱
住所：岐阜県岐阜市加納桜田町 1-1
TEL：058-271-3838 (8:30 ～ 17:30)
FAX：058-275-0855
定休日：土日・祝日
http://www.api3838.co.jp/

熊谷養蜂場
埼玉県深谷市武蔵野 2279-1
TEL：048-584-1183 (9:00 ～ 17:00)
FAX ：048-584-1731
定休日：日・祝日
http://www.kumagayayoho.co.jp/

㈱渡辺養蜂場

岐阜県岐阜市加納鉄砲町2-43
TEL：058-271-0131（9:00～17:30）
FAX：058-274-6806
定休日：土日・祝日
http://watanabe38.com/
info@watanabe38.com

養蜂研究所

愛知県名古屋市守山区翠松園1-2011
TEL：052-792-1183（8:30～17:30）
FAX：052-792-2025
定休日：土日・祝日
http://www.8keninoue.com/
inoueyoho@hachiken.jp

間室養蜂場

埼玉県比企郡吉見町大串1257-3
TEL：0493-54-2381（8:00～17:00）
FAX：0493-54-0093
定休日：日・祝日・盆・年末年始
http://www.mamuro-yoho.com/

樹花・草花等

※通信カタログの申し込み（ハガキ）は、郵便番号、住所、名前、ふりがな、電話番号、性別、生年月日を記入の上、〒224-0041 神奈川県横浜市筑区仲町台2-7-1 ㈱サカタのタネ　通信販売部1238係 まで。FAX、オンラインショップでも申し込み可

サカタのタネ　通信販売部

TEL：045-945-8824（平日9:00～17:00）
FAX：0120-39-8716
http://sakata-netshop.com
取り扱い商品／各種花種子・花苗・花木
注文方法／オンラインショップ、FAX、ハガキ

小岩井農牧㈱

岩手県岩手郡雫石町丸谷地36ー1
TEL:019-692-3148（環境緑化部）
TEL:019-692-5239（緑化樹木センター）
FAX:019-692-3159
https://kawai.co.jp
取り扱い商品／ヤマザクラ、ユリノキ、アカシアなど

日本在来種みつばちの会 会員 根岸和氏

福島県在住
TEL：090-3711-1012
FAX：0248-44-3267
取り扱い商品／ビービーツリー、ケンポナシ、アニスフィリップなど

害獣器具（動物用フェンス）

サージ ミヤワキ㈱

東京都品川区東五反田1-19-2
TEL：03-3449-3711
FAX：03-3443-5811
http://www.surge-m.co.jp/
email@surge-m.co.jp
50000円～

ファームエイジ㈱

北海道石狩郡当別町字金沢166-8
TEL:0133-22-3060
FAX:0133-22-3013
http://farmage.co.jp/
info@farmage.co.jp
カタログ（無料）あり
50000円～

養蜂用語集

この本を読み進めていく中で、わかりにくい専門用語がいくつか出てきた場合に、参考にしていただくページです。紹介する多くの用語は、ミツバチを飼育する者の間で必要な共通語なので、覚えておくと、とても便利です。

あ

円形ダンス【えんけいだんす】

群れにとって有益な情報となる蜜花粉源や水場、新しい住処を半径100m圏内で見つけたときに、丸く円を描くようにして舞い、仲間に伝えるダンスのこと

遠心分離器【えんしんぶんりき】

採蜜する際に使用する道具のこと。ドラム缶のような見た目で、備え付けのハンドルを回転させ遠心力によってはちみつを飛び散らせ、最下の開口部からはちみつを採集する。ステンレス製やプラスチック製がある

王かご【おうかご】

通常、女王バチを元の群れから女王バチがいない群れに移植するときに使用するかごのこと。別の巣にいた女王バチをそのまま無防備にしておくと、働きバチに攻撃される可能性が高いので、2〜3日王かごに入れ、女王バチのにおいを働きバチに慣れさせてから解放する

王台【おうだい】

女王バチの幼虫が成育するピーナッツに似た形状の巣房。巣の中央下部によく見られる

か

花粉かご【かふんかご】

訪花したミツバチが収穫した花粉だんごを持ち帰るための、後肢にあるくぼみのこと

花粉だんご【かふんだんご】

働きバチが訪花した際に、その花の花粉をみずからの体内から反芻したはちみつと混ぜてだんご状にし、後肢に付着させた状態のこと。花粉だけでは粘着性が少ないので、飛行しながらはちみつを混ぜて固めている

給餌【きゅうじ】

真夏や晩秋など、ミツバチの食料が足りなくなった際に糖液や代用花粉を与えること

給餌器【きゅうじき】

糖液の給餌を行う器のこと。ミツバチが糖液に溺れないように、中に浮きや足が付いているものを選ぶとよい。1回に与える量は、一群あたり0.5〜2㎖が平均的

キンリョウヘン【きんりょうへん】

トウヨウミツバチ類を強く誘引するラン科の植物の一種。分封時期に空の巣箱の前などに置いておくと、かなりの確率で分封群をおびき寄せることができる

さ

採蜜【さいみつ】

ミツバチが巣にためたはちみつ

を養蜂家が採取する作業のこと。巣碑に付着しているミツバチを払いのけ、蜜蓋を取り除き、遠心分離器にかけてはちみつを収穫する

自然王台【しぜんおうだい】

世代交代のために働きバチが新たにつくった王台のこと。分封王台は巣分かれの兆しがあるときにつくる王台

シマリング【しまりんぐ】

羽を振動させ、外敵を追い払う威嚇行為

人工王台【じんこうおうだい】

プラスチックなどのキャップでつくった王台の代用品

人工キンリョウヘン【じんこうきんりょうへん】

キンリョウヘンを分析し、主なニホンミツバチ集合フェロモンを合成したもの。キンリョウヘンと同時に使うと、誘引効果がさらに高まる

人工巣脾枠【じんこうすひわく】

プラスチック素材でできた、六角形巣房の集合体を巣枠としてつくったもの。あらかじめ蜜蝋も塗られているのでミツバチが馴染みやすい。遠心分離器の圧力にも強いので、破壊されず繰り返し使用することが可能。スムシの食害防止にもなる

ショ糖【しょとう】

ミツバチが集める花蜜の主成分。ミツバチは体の中の酵素を使い、ショ糖をブドウ糖（グルコース）と果糖（フルクトース）に分解してはちみつにつくり変えていく

スズメバチ捕獲器【すずめばちほかくき】

ミツバチの天敵であるスズメバチを捕獲する器具。巣門の前に設置するタイプが多い

スズメバチ用ペットボトルトラップ【すずめばちようぺっとぼとるとらっぷ】

スズメバチを捕獲するために、酢、砂糖、酒を混ぜた液体を入れたペットボトル。4～5月頃に、越冬したスズメバチの女王バチが現れるので、この時期に設置するのが望ましい。専門業者ではスズメバチをおびき寄せる発酵ジュースも販売している

巣礎【すそ】

人工的に精製した蜜蝋の薄い板に、六角形の巣型をプレスしたもの。ミツバチがみずからの体内から分泌した蜜蝋を口で盛りつけて巣房を次々と立ち上げてゆき、巣脾に完成させる

巣礎枠【すそわく】

巣礎を収める四角い枠のこと。プラスチック製や、蜜蝋が塗られているもの、大きさの大小、ニホンミツバチとセイヨウミツバチ別で販売されている。現代式縦型巣箱の巣礎枠は、一般的なプラスチック製ではできない熱湯消毒も可能なカーボネート製で、縦に二分割して巣礎を張りやすくしたり、針金を通しやすくするための穴を備えている

巣脾【すひ】

ミツバチの幼虫やサナギを成育させるベッドになるよう、巣房が1㎝程度（貯蜜部分は2㎝以上）の深さで表裏背中合わせに多数集合して並んでいるもの。

透かしてみると表裏の六角形が互い違いに組み合っており、強度が増すつくりになっている

巣脾枠【すひわく】

巣脾を収めた四角い枠のこと。巣礎からの立ち上げは、働き蜂がみずから行う

巣房【すぼう】

ミツバチの巣の中の、六角形の巣の穴のひとつひとつのこと。産卵や育児のほか、はちみつや花粉の貯蔵の役目を果たす。また、表面は女王バチや雄バチ、働きバチの居住スペースで、ミツバチのあらゆる生活の場となっている。ニホンミツバチの巣房の口径はセイヨウミツバチより約0.5㎜小さい

巣門【すもん】

巣箱からミツバチたちが出入りする開口部の総称

巣門用給餌器【すもんようきゅうじき】

巣箱の巣門外から給餌口部分を差し込み給餌する器具のこと。金属製やプラスチック製がある

精製はちみつ【せいせいはちみつ】

純粋なはちみつからイオンフィルターを通して、糖分以外の成分を取り除いたもの。海外産のナタネ蜜が含まれることが多く、結晶しやすいので、越冬用の餌としては不向き

た

代用花粉【だいようかふん】

ミツバチ用の強化飼料。花粉源の不足しがちな時期に与えたり、弱群の回復などにも有効

貯蜜圏【ちょみつけん】

巣房の中ではちみつが入っているエリアのこと。巣の構造を見ると、上層部が貯蜜圏になっていることが多い。糖度が一定になったら、働きバチが蜜蓋を閉じる。蜜蓋がされた状態がはちみつとして完成度が高く、おいしい時期といえる。糖度80％前後

偵察バチ【ていさつばち】

分封や逃去時に新しい住処を探し回る働きバチの総称。1週間～10日ほど前から営巣地候補を探し、行き先を見つけると自分の巣内に戻り、入り口付近の巣脾の上で8の字ダンスを踊り、仲間に場所を知らせる役目を担っている。分封直前時には数十匹にものぼる

逃去【とうきょ】

ミツバチの群れが巣を放棄し、集団で飛び出した状態のこと。分封と見た目は似ているが、はちみつが枯渇した、温度調節が不可能になった、病気が発生した、外敵に襲われたなど、ストレスによって飛び出す場合がほとんどで、ミツバチたちは非常に神経質になっている。居心地のいい新たな住処を急いで求めているので、落ち着いて、しかし素早く対応したい。セイヨウミツバチよりもニホンミツバチのほうがはるかに逃去しやすい

盗蜂・盗蜜【とうほう・とうみつ】

巣箱内のはちみつが不足していると感じたミツバチが、ほかの群れの巣箱に入り込み、はちみつを盗む行動のこと。どちらも同じ意味。盗蜜される側の群れ

は、巣門前を守る働きバチの力が弱っている場合が多い。ニホンミツバチは盗蜜されても抵抗が弱く、1km以内にいるセイヨウミツバチの群れの出入りを許してしまう傾向がある。また、極端な食料不足時では、ニホンミツバチ同士で盗蜜が起きることもある

働蜂産卵【どうほうさんらん】

女王バチが何らかの理由で巣からいなくなった場合に、働きバチの一部に産卵能力が呼び覚まされ無精卵を生み出す状態のこと。普段は女王バチが不妊フェロモンと呼ばれるものを出しており、その影響で働きバチは産卵することができないといわれている。無精卵からは雄バチしか生まれないので、働き手が減り、群れの消滅につながってしまう

毒ノウ【どくのう】

ミツバチの尻部にある、産卵管の一部が変化した、毒が入っている袋状の部分のこと

毒針【どくばり】

働きバチのみが体内にもつ、外敵から身を守る針のこと。返しがついているので、一度刺すと死んでしまう。産卵管が変化したものなので、メスのみが持つ

トラップ【とらっぷ】

分封群をおびき寄せるための仕掛けのこと。巣箱付近に、ニホンミツバチにとって集合フェロモンであるキンリョウヘンや人工キンリョウヘンを置いたり、焼酎に黒砂糖を溶かしたものを巣箱に塗ったりすると、その場所を気に入った偵察バチが新たな巣として群れを連れてくる。ニホンミツバチ用のトラップのひとつとして、木箱の外側に墨液を塗り、自然の色に合わせる技もある

な

内検【ないけん】

ミツバチの健康状態や巣箱内の様子を検査すること

熱殺蜂球【ねっさつほうきゅう】

スズメバチが襲ってきた際に、ニホンミツバチが一斉にスズメバチに飛びかかり、おしくらまんじゅう状に取り囲んで蒸し殺す状態のこと。羽を動かし、自らの熱と二酸化炭素を利用するため、内部は約47℃に上昇し、外敵のすぐ側にいるミツバチが一緒に死んでしまうこともある命がけの攻撃。セイヨウミツバチもごくまれに似た行動をとることがある

は

ハイブツール【はいぶつーる】

ミツバチが、蜜蝋で固めてしまった巣枠を、てこの原理で取り外す器具のこと。巣箱を開けるほか、巣箱内の無駄巣やゴミのかき出しなどに役立つ

8の字ダンス【はちのじだんす】

蜜源や花粉源、水源の場所や、分封前に新しい住処候補を見つけた偵察バチが、巣の中の入り口付近で8の字を描きながら踊り、仲間にそのありかを伝えるダンスのこと

蜂ブラシ【はちぶらし】

採蜜作業時に使用する道具。巣脾枠を力強く振って、ミツバチ

をある程度振るい落としてもミツバチが残っていた場合、この蜂ブラシで軽くスナップをきかせて払い落とす。ミツバチにダメージを与えないよう、やさしく使用する。柔らかな馬毛製がおすすめ

プロポリス【ぷろぽりす】
ポプラやマツの樹脂、草木の花芽などにあるヤニ成分と、セイヨウミツバチ自身の唾液を混ぜてつくり出した物質。ミツバチがウイルスや細菌から群を守るため、造巣する際に蜜蝋に混ぜて使用する。プロポリスは古代ギリシャ・ローマの時代から保健食として親しまれ、細胞膜の強化、炎症や痛みの緩和などの民間薬として用いられてきた

分割板【ぶんかつばん】
ミツバチのいる巣といない残りの部屋を仕切る板のこと。無駄巣をつくらせないためや、保温のために必要である

分封【ぶんぽう】
春になり、働きバチの花粉や花蜜の集荷量が増え、産卵も順調で育児スペースが圧迫される状況になったとき、働きバチが女王バチを引き連れて巣から離れる現象のこと。人間が意図してコントロールする場合は人工分封と呼ぶ

変成王台【へんせいおうだい】
女王バチがいなくなった場合に働きバチが働きバチ房につくる王台のこと

蜂球【ほうきゅう】
ミツバチが球状に群れ集まる状態のこと。分封蜂球、越冬蜂球、逃去蜂球などが挙げられる

蜂児圏【ほうじけん】
ミツバチの生活圏である巣脾上で、花粉や貯蜜の巣房以外の蜂児（幼虫・サナギ）を育成している巣房部分の総称。羽化したあとは若いミツバチが巣房を掃除して次の生活用途に備える

ポリネーション【ぽりねーしょん】
イチゴやカボチャなどの農作物の花粉交配や、それを利用した技術のこと

ポリネーター【ぽりねーたー】
農作物の花粉交配を行う媒介者のことで、ミツバチもこれにあたる。ほかに、ヌルハナバチやアリなどが媒介する花もある

ま

待ち箱【まちばこ】
ミツバチの分封群を受け入れるための空箱のこと。分封群が入りやすく工夫した箱で、屋根の下や、木の太枝下に設置することが多い。巣箱を待ち箱にする場合であれば、ミツバチが入っても、移し替える手間がなくそのまま飼育できるので、ストレスを軽減でき、とても便利である。クマなど害獣が数多く出没する山奥に待ち箱を置く場合は、電気柵の設置をお勧めする

蜜胃【みつい】
ミツバチのおなかにある器官のこと。花から集めた花蜜を、ここにためて巣まで持ち帰る。蜜胃に入った蜜はすぐにブドウ糖と果糖に分解される。ミツバチは自分の体重の3割以上の重さの花蜜

を蜜胃に入れて運ぶことができる。蜜胃にためた花蜜は、巣に持ち帰ったあと巣房に反芻して吐き出し、濃度を濃くしていく

蜜切れ【みつぎれ】

地域や時期によって巣の周囲の蜜源が枯渇し、巣内の貯蜜が不足してしまうこと。蜜切れが起きると、ミツバチの餓死や逃去の引き金になるので、ニホンミツバチの場合、観察のしやすい夕方以降に給餌をし、貯蜜量を確認するほうがよい

蜜源植物【みつげんしょくぶつ】

ミツバチにとって、食料としての糖分を集めるために役立つ植物の名称。蜜源植物も、ミツバチの訪花によって受粉し、子孫を残すことができる。最近はミツバチのために植栽をする人々も増えている

蜜濾し器【みつこしき】

遠心分離器で採蜜した際に出たゴミや花粉を濾すザル状の器

蜜蓋【みつぶた】

糖度が80％以上になった、はちみつをためた巣房の表面を、働きバチが体から出した蜜蝋でふさいだ部分のこと

蜜蝋【みつろう】

働きバチの体から分泌されるロウのこと。セイヨウミツバチは蜜蝋にプロポリスを混ぜて巣づくりをするので、ニホンミツバチよりも巣が頑丈になる。湯で溶かしゴミを取り除けば、保存性の高いワックス材料が簡単につくれる。加工するだけで、保湿クリームやキャンドルなど日常生活で使えるものを幅広く制作できる

戻りバチ【もどりばち】

分封や逃去しようとしても女王バチがついてこなかった場合に、一度群れが外に出たものの、元の巣箱に戻る現象のこと。出戻り分封ともいう

ら

流蜜【りゅうみつ】

蜜源植物が花蜜を分泌すること。受粉を媒介する昆虫などを強く誘引するために行う。蜜源植物の中には、受粉が済んだ花の中心の色が変わり、ミツバチへ伝えるものもある

ローヤルゼリー【ろーやるぜりー】

女王バチやミツバチ全般の幼虫を養う乳白色の物質。日本名で「王乳」とも呼ぶ。働きバチが羽化後約6日～1週間程度の若いうちだけ限定で生産することができる。女王バチは卵のときから一生涯この物質を食べ続け、働きバチよりも体が1.5倍大きくなる。人間にとっても有益で、健康や美容を保つうえでとても優れた自然食品のひとつとして定着しつつある

熱殺蜂球の状態

おわりに

2017年の元旦、私が暮らす盛岡は本来、積雪に悩まされる時期にもかかわらず、雪も降らず穏やかな朝を迎えました。しかし、これは地球温暖化が進んでいる証拠であり、ミツバチだけでなく多くの生物の生活環境にダメージを与える原因のひとつといえます。ミツバチを脅かす存在は、気候変動だけではありません。日本でまだ大量使用が続けられている浸透性農薬（主にネオニコチノイド系農薬）は、生き物の神経を麻痺させる農薬で、免疫力を低下させたり、社会性をもつ生き物たちにとってはチームワークを鈍らせたりする原因にもなります。近年、その影響が人間にも認められる事例が現れ、先進諸国は次々に浸透性農薬の使用を中止・規制する動きを見せています。このわずか十数年で、世界中のミツバチに今までほとんど見ることのなかったタイサックブルード病やアカリンダニ症、バロア病（ミツバチヘギイタダニ）、チョーク病などさまざまな病気が急増しているのも、浸透性農薬の使用と無関係とはいい切れないでしょう。日本政府も浸透性農薬の使用について規制を検討する動きがありますが、まだまだ目が離せません。

しかし、そんな養蜂界も悪いニュースばかりではありません。本文内でも紹介しましたが、オーストラリアで遠心分離器を使わずに採蜜ができる非常に画期的な「フローハイブ巣箱」が開発されました。私はその技術をニホンミツバチ飼育にも活用したいと思い、「日本在来種みつばちの会」ではニホンミツバチに特化した独自の「フローハイブ」による採蜜に成功しました。これは、神経質な性格のニホンミツバチや、アジア各国に生息する兄弟分のトウヨウミツバチたちにストレスを与えずに採蜜ができる、すばらしいアイテムになるでしょう。

この本は、そんな養蜂界をさらに活気づけるべく、すでに世に出ている養蜂技術はさらにわかりやすく伝え、また、養蜂に慣れていない女性や子どもでも理解し、実践できるような本に仕上げました。何を用意すればいいのか、どんな作業をすればよいのか。ほかの本では伝わりづらいたくさんの「コツ」が詰まった本であり、手探り状態で始めた養蜂の初心者にとっては、大海原の向こうに見える灯台のような道しるべになるよう努めました。そのうえで、読者に寄り添った本が完成したのは、編集に協力してくれたライターの杉沼えりかさんが養蜂経験ゼロから出発し、あくなきどん欲な好奇心と行動力で、ときには無鉄砲ともいうべき飛び込み取材を敢行してくれたおかげです（いまやかなりの知識を持ち、養蜂を志しています）。この本のために声をかけてくれた地球丸の長島さん、蜜源植物についてお話を聞かせてくれた佐々木正己先生、はちみつを使ったレシピを考案してくれた「ヤマガタ サンダンデロ」の皆さん、女性ならではの目線で蜜蝋アイテムを製作してくれた高安さやかさん、この本における写真提供や取材に協力していただいたすべての方々に、この場をお借りして御礼を申し上げます。

日本在来種みつばちの会 会長・藤原養蜂場 場長

藤原誠太

編集・制作　長島亜希子
編集協力　杉沼えりか、和田義弥
表紙撮影　谷本 夏
撮影　谷本 夏、ウラタタカヒデ、富貴塚悠太、杉沼えりか
イラスト　いわた慎二郎、長岡伸行
デザイン　カインズ・アート・アソシエイツ

●写真・取材協力
藤原養蜂場
菊田貫俊
久保 章
佐々木正己
高安和夫
高安さやか
土田 学
岩波金太郎
藤本義夫
野澤延行
前田太郎
藤原由美子
藤原正義
藤原愛弓
安田道雄
株式会社 海游社

●参考文献

『近代養蜂』渡辺 寛・孝著（日本養蜂振興会）
『蜂からみた花の世界』佐々木正己著（海游社）
『日本ミツバチ在来種養蜂の実際』日本在来種みつばちの会（農文協）
『だれでも飼える日本ミツバチ』藤原誠太著（農文協）
『蜂五郎のみつばち物語』西村隆作著（小西堂）
『みつばちの本』ウテ・フゥール著（岳陽舎）
『我が家にミツバチがやってきた』久志冨士男著（高分研）
『ニホンミツバチがニホンの農業を救う』久志冨士男著（高分研）
『飼うぞ殖やすぞミツバチ』（農文協）

著者
藤原誠太
（藤原養蜂場）

1957年生まれ。養蜂家。東京農業大学農業拓殖学科卒業（在学中に北南米で約1年間、養蜂研究）。ニホンミツバチの交尾場所を世界で初めて発見し、国際論文を提出。明治34年創業の、東北初の職業養蜂家になった家系の3代目場長。現在は東京農業大学客員教授としてバイオビジネスの教鞭を執る。全国各地で養蜂についての講演・実演を行い、ミツバチ飼育の普及に努めている。

ミツバチと暮らす

2020年2月20日　初版発行

定　価　本体1700円＋税
著　者　藤原誠太
発行者　安倍 甲
発行所　㈲無明舎出版
秋田市広面字川崎112－1
電 話（018）832－5680
FAX（018）832－5137
製　版　㈲三浦印刷
印刷・製本　㈱シナノ

ISBN4-89544-659-4

＊本書は2017年3月に㈱地球丸より刊行されたものの改訂版です。㈱地球丸は2019年に消滅したため、出版権を㈲無明舎出版が引き継いだものです。